Daniel Mack

Möbel aus Wildholz

Gestaltung · Bautechniken · Objekte

„Pflanz einen Baum,
und kannst du auch nicht ahnen,
wer einst in seinem Schatten tanzt,
bedenk, o Mensch,
es haben deine Ahnen,
eh sie dich kannten,
auch für dich gepflanzt."

(Verfasser unbekannt)

Daniel Mack

Möbel aus Wildholz

Gestaltung · Bautechniken · Objekte

antis
im ökobuch Verlag
Staufen bei Freiburg

Die Deutsche Bibliothek – CIP-Einheitsaufnahme

Mack, Daniel:
Möbel aus Wildholz : Gestaltung, Bautechniken, Objekte / Daniel Mack. [Übers.: Michael Müller]. - 1. Aufl. - Staufen bei Freiburg : ökobuch, 1999
Einheitssacht.: Making rustic furniture <dt.>
ISBN 3-922964-74-5

Die amerikanische Originalausgabe erschien 1992 bei
Lark Books, Asheville, North Carolina, USA
unter dem Titel
Making Rustic Furniture by Daniel Mack

ISBN 3-922964-74-5

1. Auflage 1999
2. Auflage 2001

Übersetzung: Michael Müller, Badenweiler
Lektorat u. Gesamtgestaltung: Claudia Lorenz-Ladener
Layout: Uwe Stohrer, Freiburg
Druck: Druckhaus Beltz, Hemsbach

Inhalt

Dank

Wie der Bau meines ersten Möbelstückes aus Wildholz hat auch die Fertigstellung dieses Buches erheblich länger gedauert als geplant. Viele Personen halfen mir in kritischen Momenten. Meine Frau Teri Mack lernte, mit diesem Projekt zu leben und sich dafür zu interessieren, ein Projekt, das uns einfach zulief wie ein kleiner Hund. So spiegelt dieses Buch auch ihre Geduld, Einsicht und Ausdauer wieder.

Ich war überrascht, wie viele Wildholzbauer aus dem ganzen Land meiner Bitte nach Informationen und Photos nachkamen. Wir zeigen in diesem Buch so viele Photos wie uns möglich war, dennoch konnten hier leider nicht alle interessanten Stücke abgebildet werden. Ich weiß die Hilfe meiner Wildholzbauerkollegen sehr zu schätzen, ebenso wie auch die meiner etwa hundert Schüler der letzten Jahre, deren Erfindungsgeist mich immer wieder aufs neue erstaunt.

Außerdem möchte ich den Leuten danken, die mir Hintergrundinformationen verschafften - sie machen die Geschichte der Wildholzmöbel noch interessanter: Die Bibliothekare des Strong Museums in Rochester, N.Y., spürten über Jahre hinweg Material für mich auf. Mary K. Darrah aus New Hope, Pennsylvania, steuerte wichtige historische und europäische Gesichtspunkte bei. Lynda Moss vom Western Heritage Center in Billings, Montana, machte mich mit dem Wildholzbaustil des Westens bekannt.

Dieses Buch wäre ohne die Unterstützung einiger Verlagsleute nie geschrieben worden. Rob Pulleyn, Verleger bei Lark Books, nahm das Risiko auf sich, ein unbekanntes Projekt anzugehen und auch durchzustehen. Mein Lektor Eric Carlson verstand wie kein anderer den Geist dieses Buches und stärkte und verteidigte ihn gegen alle Schwierigkeiten in der Produktion. Marsha Melnick und Susan Meyer von Roundtable Press halfen oft mit Rat und Zuspruch. Bobby Hansson schließlich, von dem die meisten Photos in diesem Buch stammen, war nicht nur Formgeber, sondern auch Erbauer vieler Projekte. Seine langjährige Erfahrung mit Buchphotographie, seine Begeisterung für Handwerk und den Wildholzstil und nicht zuletzt seine Freundschaft mit mir lenkten und befruchteten dieses Projekt auf mannigfaltige Art.

Daniel Mack

Wildholz-Odyssee

Wildholzmöbel wirken auf Menschen spontan vertraut. Auch wer noch nie zuvor ein Möbelstück aus Wildholz gesehen hat und die Vorstellung eher abstrus findet, einen Stuhl aus den Teilen eines Baumes zu bauen, so, wie der Baum gewachsen ist, wird leicht feststellen können, daß Wildholzmöbel den Flair des Selbstverständlichen verbreiten. Dieses instinktiv Vertraute macht einen großen Teil unserer anhaltenden Faszination aus. Der Baum, der Stuhl, der Baum ... man sieht den Zusammenhang und tief in unserem Unbewußten regt sich etwas. Man möchte schauen, man möchte anfassen, man möchte vielleicht auch bauen. Von all dem handelt dieses Buch.
Zum ersten Mal nahm ich selbst 1978 bewußt Wildholzmöbel wahr, in Deetjen's Big Sur Inn in Big Sur in Kalifornien. Dort waren jeweils zwei Stücke Redwoodholz miteinander verbunden und zu anmutigen Sitzgelegenheiten geformt. Ich war so fasziniert

1.11
Stühle: Daniel Mack, New York, 1986

1.12 Ahornstuhl mit hoher Lehne, Sitzfläche gepolstert: Daniel Mack, New York, 1987

von diesem Zusammenspiel von Natur und menschlicher Nutzung, daß ich mich hinsetzte und eine Skizze von ihnen anfertigte.

Wenn ich diese Skizze heute wieder anschaue, nachdem ich nun 10 Jahre lang selbst Wildholzmöbel gebaut habe, ist für mich die übergreifende und verbindende Qualität in diesen Sitzmöbeln sichtbar. Sie sind Stuhl und Baum zugleich. Weder die Funktion noch das Material dominieren dabei, und diese Zweideutigkeit ist Teil ihrer Schönheit.
Noch etwas anderes hinterließ einen starken Eindruck bei mir. Es handelte sich bei den Stühlen um sorgfältig gewählte Stücke aus dem Wald, die in eine menschliche Umgebung gestellt waren. Sie sollten keine Skulpturen darstellen und auch nicht das Abbild von Bäumen sein oder Stellvertreter für Redwoodholz. Es waren einfach natürliche Erinnerungsstücke, gut ausgewählt, nur geringfügig bearbeitet, damit man auf ihnen sitzen kann, und unaufdringlich plaziert.

Im folgenden Jahr fielen mir dann bei Versteigerungen und Räumungsverkäufen ältere Wildholzmöbel auf. Nachdem meine erste Tochter geboren war, kaufte ich 1979 einen kleinen Kinderstuhl aus Hickoryholz. Er hatte wohl lange draußen im Wetter gestanden und war nicht mehr im allerbesten Zustand, besaß aber noch immer genügend Stabilität und Schönheit, so daß sich der Aufwand lohnte, ihn zu restaurieren.

Ich ersetzte die gebrochene hölzerne Sitzfläche durch blaue Polstergurte. Die Oberfläche des Stuhles gefiel mir ganz besonders, denn die Rinde, die einst die jungen Triebe geschützt hatte, schützte nun den Stuhl und verlieh so dem kleinen Möbelstück eine natürliche Geschichte.

In diesem Sommer damals verbrachte ich die Wochenenden in den Catskill Mountains, die einige Stunden nördlich von New York City liegen. Dort war ich von Ahornbäumen umgeben, von großen Bäumen, alten Bäumen und ihren Nachkommen, lauter buschigen Schößlingen, die sich nach dem Licht streckten. Nie vorher im Leben hatte ich selbst etwas gebaut, weder Seifenkistenautos, noch Nistkästen für Vögel und schon gar keine Baumhäuser. Ich war also alles andere als ein geschickter Bastler. Und dennoch drängte sich mir eine verrückte Idee auf – vielleicht könnte ich ja einen Stuhl aus Ästen bauen....

Ich bräuchte niemandem davon zu erzählen. Den Stuhl könnte ich in der Scheune bauen und verbrennen, wenn er mir nicht gefiel. Also griff ich nach einer Säge und schnitt ein paar Schößlinge ab. Dann besorgte ich mir eine Bohrmaschine, eine Axt und ein Messer sowie etwas Leim und fing einfach an. Von dem kleinen Kinderstuhl übernahm ich die Proportionen und ersetzte die geraden, kräftigen Hickorystücke durch dünne, krumm gewachsene Ahornäste.

Das erste halbe Dutzend dieser Stühle habe ich inzwischen restlos beseitigt. Sie neigten sich nach vorne und sahen wirklich etwas primitiv aus. Um gute Holzverbindungen herzustellen, war die Axt ja vielleicht doch ein etwas zu grobes Werkzeug. Und sicherlich war das Holz zu grün und schrumpfte immer an den falschen Stellen. Aber die Proportionen finden sich noch heute in den Kinderstühlen, die ich baue.

Plötzlich konnte ich mit dem Stühlebauen gar nicht mehr aufhören. Mein Appartement in Manhattan wurde meine erste Werkstatt, voller Astbündel, die in der Ecke des Wohnzimmers trockneten. Irgendwann hielten es meine Frau und ich dann für eine gute Idee, das Schlafzimmer zur Werkstatt umzufunktionieren und so schliefen wir eben im Wohnzimmer. Die Folge davon waren noch mehr Stühle und noch mehr Wildholz, das zum Trocknen lagerte ....

Als sich mein Leben mehr und mehr um Wildholzmöbel zu drehen begann, entdeckte ich eine alte Photographie, die meinen Großvater Cornelius Mack als jungen Mann zeigte, wie er in einem Photoatelier auf einer buckligen Bank aus Wildholz saß. Das Bild besaß ich damals sicherlich schon 15 Jahre oder noch länger, aber es gewann auf einmal eine neue Bedeutung für mich und hatte plötzlich einen ganz anderen Stellenwert.

Mein erstes Studio eröffnete ich 1983: 40 qm Werkstattfläche in einer gemieteten Halle in Harlem, etwa 15 Minuten von meiner Wohnung entfernt. Dort baute ich weitere Stühle. Ich versuchte, ein Bett herzustellen, dann einige Tische, und merkte bald, daß Möbelstücke aller Art aus Wildholz gebaut werden konnten. Jede Entdekkung warf neue Fragen auf, während ich mich beim Experimentieren mit Proportionen, Sitzflächen, haltbaren Verbindungen und Möglichkeiten der Oberflächenbehandlung abmühte.

1.13
Stuhl aus Ahorn:
Daniel Mack, New York

Ich ging von der Vorstellung aus, daß ein Stuhl nur so stabil sein kann wie seine Verbindungen. Wenn die Verbindungen zum Beispiel nur 15 mm stark sind, brauchten die hölzernen Bestandteile des Stuhles auch nicht viel stärker dimensioniert sein. Dieser Gedanke, ob richtig oder falsch, erlaubte mir, mit den Proportionen des Stuhles zu experimentieren. Ich versuchte dabei, die optimale Beziehung zwischen der Stärke der Äste und der Dimensionierung der Verbindungspunkte zu finden, die viel zur Eleganz und zum Zauber von Wildholzmöbel beiträgt.

1.14 und 1.15 Ahornstühle (links mit Vogelnest): Daniel Mack, New York

Zauber? In einem Möbelstück? Es ist diese schwer greifbare, ganz besondere Eigenschaft von Wildholzmöbeln, die einen Stuhl wie einen Stuhl aussehen und funktionieren läßt und ihm dabei zugleich die Anmut und Eigenart des Baumes läßt, aus dem er gefertigt wurde. Auf der Suche nach diesem Zauber fand ich heraus, daß jede Baumart ihre eigene Form zu wachsen hat: Die einen krümmen sich mehr als andere. Andere wiederum bleiben in ihrem Drang nach Sonnenlicht kerzengerade und verdrehen sich mit den Jahreszeiten. Auch die Bedingungen im Wald beeinflussen das Wachstum des Bäume: Dichte Wälder, Hangwälder, ein feuchter Untergrund - all diese Einflüsse bringen Bäume unterschiedlichster Art hervor.

Mehr als alles andere war mir wichtig, die Energie des Baumes in meinen Stühlen spürbar zu erhalten. Der alte Kinderstuhl aus Hickoryholz ist statisch. Er steht da und ist nur ein angenehmes rustikales Möbelobjekt. Ich dagegen wollte Stühle herstellen, die wie in einer Bewegung erstarrte Baumtänzer wirken. Ich wollte Stuhlbeine schaffen, in denen Schwung ist, Rücken, die sich biegen und Armlehnen, die umfangen.

Als ich mehr Zeit im Wald verbrachte, entdeckte ich auch die anderen Bäume, diejenigen, die dabei waren, ihren Kampf ums Überleben zu verlieren. Sie waren von Rehen verbissen, von Käfern befallen oder hatten Schrammen von vorbeifahrenden Motorschlitten. Manche waren durch den Wind umgestürzt, andere umgefallen. Diese leidenden Bäume strahlten eine völlig andersartige Energie aus. Sie zeugten eher von Verfall und Vergänglichkeit als von Vitalität und Stärke. Ich begann, das Holz auch dieser Bäume für meine Stühle zu benutzen. Von manchen der Holzstücke, die ich sammelte, fiel die Rinde ab. Eines Tages, 1984, hatte ich genügend Wildhölzer dieser Art zusammen, um einen Stuhl daraus zu bauen. Er besaß einen ganz anderen Charakter. Die natürliche Form war noch da, aber die Oberfläche hatte sich verändert. Die erdigen, ledrigen Brauntöne waren verschwunden, statt dessen sah er aus wie Elfenbein oder Knochen. Diese Stühle waren eleganter, cooler und zivilisierter, wie manche Leute feststellten. Indem ich etwas tiefer in den Baum drang - unter die Rinde - entfernte ich mich mehr vom Wald. Möbelstücke aus solchem Holz hatten keine ländliche Anmutung mehr, sondern paßten gut in eine städtische Umgebung. Ich habe sehr viele solcher "knochigen" Stühle aus geschältem Ahorn gebaut und baue sie immer noch.

Ich betrachte mich hauptsächlich als Stuhlmacher, der vorhandene natürliche Formen benutzt. Für mich läßt ein gelungener Wildholzstuhl erkennen, daß eine bestimmte Person diesen bestimmten Stuhl aus ein paar ganz bestimmten Baumteilen gebaut hat. Ein guter Wildholzstuhl spiegelt den gelungenen Dialog zwischen einem Menschen und einem Baum wieder. Sowohl der Stuhlmacher als auch der Baum bleiben im Ergebnis erkennbar. Das Ergebnis ist eine von Menschenhand geschaffene Huldigung an die Form und die Eigenheiten eines Baumes. Der Baum steht nicht mehr länger frei im Wald, aber er wurde auch nicht zu vierkantigem Bauholz zurechtgestutzt.

1.16
Stuhl aus Ironwood und Metallstäben: Chris Ana, New York

Nun ist ein Stuhlmacher kein Schreiner, der Holz nach einem bestimmten Plan bearbeitet, und auch kein Gärtner, der Bäume versetzt. Wenn Baum und Stuhlmacher sich zusammentun, dann verkörpert das Resultat, sofern es gelungen ist, die Vitalität des Baumes und zugleich den Geist seines Er-

1.17
Kabinettstück
1989:
Daniel Mack,
New York

bauers. Bei der Verbindung der Äste bleibt die beschwingte, verschlungene Anmut des Baumes erhalten. Das Ergebnis ist ein Stuhl, der sich zu bewegen können scheint, ein Stuhl, von dem man glaubt, daß er im Zimmer umhergehen wird, sobald man die Tür von außen schließt.

Ein gelungener Wildholzstuhl besitzt Grazie. In der griechischen Mythologie waren die drei Grazien Töchter des Zeus, die in der Natur Freude verbreiteten. Die Freude an Wildholzmöbel ist ebenfalls dreifach: erstens erfreuen sie durch ihre reine Existenz, zweitens durch die Art, wie sie Formen und Oberflächen der Natur wiedergeben, und drittens durch ihre Einzigartigkeit, in der die Elemente eines Baumes zu einem bestimmten Möbelstück zusammengefügt sind, zu einer Kreation, die unseren Sinn für Proportionen wiederspiegelt.

Meine Arbeit führte mich zu vielerlei Variationen einiger weniger Grundformen, wobei ich bevorzugt Astgabeln benutzte. Vor einiger Zeit fing ich an, gebrauchte Werkzeuge und Haushaltsgegenstände in die Stühle einzuarbeiten. Ihre Proportionen harmonieren mit denen der Äste, und ihr Alter verleiht ihnen die selbe Patina wie polierte Rinde. Am wichtigsten aber ist mir, daß sich der Baum dadurch eindeutig mit der Kultur um ihn herum verbinden läßt. Ich nenne Möbel dieser Art meine Kabinettstücke. Hier werden die Werkzeuge ebenso geehrt wie die Bäume: Die einst scharfen und nützlichen Werkzeuge sind nun abgenützt und finden letzte Ruhe in den Bäumen (nebenstehend). Auf diese Art haben auch Haushaltsgegenstände wie z.B. Kirschenentsteiner und Teppichklopfer im Wildholz ihren Ruhestand angetreten.

1.18
Wildholzwerker
Bob Wallace
bei der Arbeit

Wildholzmöbel heute

Wildholzmöbel und ihre Erbauer

Sicherlich sind in diesem Moment Hunderte von Menschen gerade mit dem Bau von Möbeln aus Wildholz beschäftigt. Diese Möbel und ihre Erbauer zu beschreiben fällt so leicht oder so schwer, wie zu erklären, was ein Baum ist. Definiert man einen Baum als große, holzige Pflanze und Wildholzmöbel als Produkte aus diesen Pflanzen, so können entsprechend die Hersteller von Wildholzmöbel als Leute bezeichnet werden, die Möbel aus großen, holzigen Pflanzen bauen.

Für eine etwas umfassendere Beschreibung müßte die Vielfalt der Baumarten, der Möbel und der Erbauer mit einbezogen werden. Wildholzmöbel sind mit Geschichte verbunden und gleichzeitig mit kreativem Tun. Ihre Wurzeln liegen in der unendlichen Verschiedenartigkeit von Klima und Boden, ihre Stämme und Äste dienen der Vermarktung, aber auch der Erholung und Lebensfreude.

Wildholzmöbel sind immer auch Objekte mit regionalem Bezug, ihre Form und Zusammensetzung ändert sich mit der Verteilung und Verfügbarkeit von Bäumen auf der Welt. In Colorado wächst zum Beispiel kein Zuckerahorn. Wenn ich im Kunsthandwerkerzentrum von Snowmass Kurse halte, bitten mich die Leute immer, eine Ladung Ahornholz aus dem Osten der USA mitzubringen, damit wir mit dem mir vertrautesten Holz arbeiten können.

Möbelbauer in Colorado wie *Margaret Craven, Paul Ries* und andere arbeiten mit Espe, Eiche, Weide oder anderen Baumarten, die dort wachsen. *Michael Emmons* in Kalifornien baut mit Eukalyptusholz, während *Micki Voisard* wiederum Manzanitaholz verwendet. *Tom Phillips* in den Adirondacks benutzt weiße und goldene Birke, *Brent McGregor* in Oregon dagegen Wacholder. *Bud Hanzlick* in Kansas baut seine Möbel aus *Osage-Orange*, einem Holz, das die Bauern dort für ein Unkraut halten.

Wildholzmöbel können aus fast jeder Holzart gebaut werden. Ihre besondere Eigenart erhalten sie gerade dadurch, daß sie aus dem bestimmten Holz einer bestimmten Gegend gebaut wurden. Wer moderne Wildholzmöbel betrachtet und versucht, ihre Herkunft aus der verwendeten Holzart zu bestimmen, wird feststellen, daß Wildholzmöbel wirklich mit dem Stück Erde verwurzelt sind, das sie hervorbrachte.

1.19 (linke Seite) Kleiner Tisch, geschälte und ungeschälte Korkenzieherweide: Liz Hunt, Ohio

Exkurs: Meisterstücke aus Wildholz

Von Robert E. Doyle

Ein großartiges Meisterstück eines Wildholzmöbels sah ich zum ersten Mal im Spätfrühling 1967. Ich war alleine beim Fischen an einem kleinen, privaten See inmitten der Adirondacks, als es plötzlich stark zu regnen begann. So suchte ich auf der überdachten Terrasse eines leerstehenden Sommerhäuschens Zuflucht. Dort standen einige Schaukelstühle herum, und ein kleiner Beistelltisch war an die Hauswand gerückt.

Zunächst bemerkte ich nur, daß der Beistelltisch aus einem Baumstumpf bestand, mit einer anmutigen Form und perfekten Proportionen. Er kam mir so organisch vor, so voller Schwung, daß ich ihn mir genauer anschauen mußte. Die Tischplatte war rechteckig mit abgeschnittenen Ecken und eingefaßten Kanten. Ihre Oberfläche bedeckte kleine aufgespaltene Äste, die zu einem dichten geometrischen Muster zusammengefügt waren. Das Muster schien sich auszudehnen und zusammenzuziehen, als ich es betrachtete, und ich konnte meine Augen kaum davon lösen.

Ich betrachtete den Tisch mit Bewunderung, wobei mir seine Details erst nach und nach auffielen. Ich tat einen Schritt zurück, um die gesamte Form zu sehen, und bemerkte die Stützverbindungen: in Größe und Anordnung wie Astglieder, verbanden sie in fließendem Übergang den Stumpf mit der Tischplatte. Ich bückte mich, um den Unterbau genauer anzuschauen und erblickte ein weiteres Stück Handwerks- und Gestaltungskunst. Der Unterbau war ebenfalls teilweise mit gespaltenen Zweigen belegt, die in einem verschlungenen geometrischen Muster miteinander verbunden waren.

Insgesamt war der Tisch eine faszinierende Skulptur, ganz offensichtlich von einem kunstfertigen Handwerker zusammengefügt, der ebenso sensibel für Wildholz war wie er einen Sinn für Verbindungstechniken und das Zusammenspiel von Form und Funktion hatte. Der Erbauer gestaltete sein Werk bis ins Detail, ohne dabei die innewohnende Energie zu unterdrücken. Sein Werk war Kunst und Handwerk zugleich, es zeugte von technischem Wissen und bei all dem war es auch ein nützliches Objekt.

Will man ein Wildholzmöbel beurteilen, sollte man es zunächst als Kunst betrachten. Man schaut die Formgebung an, die Oberflächen und nimmt die Wirkung wahr, die von dem Objekt ausgeht. Verstärken sich die Elemente gegenseitig und bringen dadurch das Gesamtwerk erst hervor, oder bleiben es voneinander isolierte Eindrücke? Sieht das Stück aus, ab ob es gleichzeitig stünde und sich bewegte? Wirkt es anregend und erfreut das Auge?

Als nächstes wird die handwerkliche Qualität betrachtet und das in dem Möbel verkörperte technische Wissen. Sind die Verbindungen solide und paßgenau, aber unaufdringlich? Entspricht das Material dem Zweck, und paßt es in Maßstab und Verhaltnis zu den anderen Teilen des Objektes?

Und schlußendlich, wenn es sich um ein Gebrauchsstück handelt, ist zu fragen, ob es nützlich ist und die Erwartungen an seine Funktion in höchstem Maße befriedigt.

Erfüllt ein Möbelstück aus Wildholz alle diese Kriterien, dann handelt es sich um ein echtes Meisterstück.

1.21
Eßtisch aus Eiche und Stuhl:
Daniel Mack, 1986

1.20 (linke Seite)
Wildholz und moderner Holzständerbau

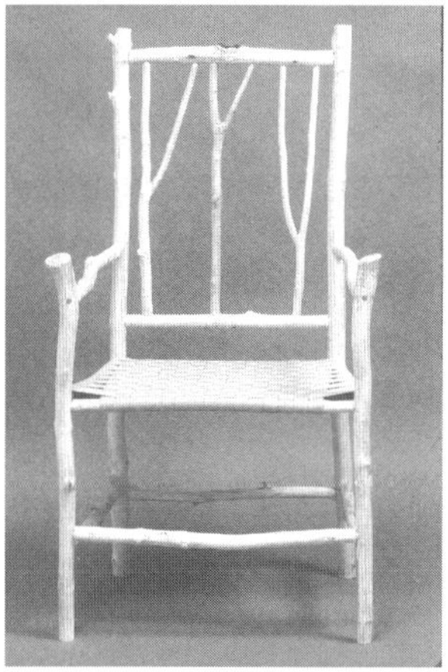

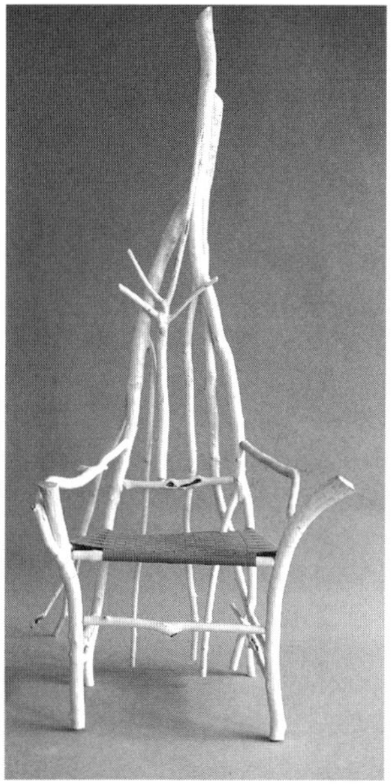

1.22 und 1.23
Stühle, Ahorn, geschält:
Daniel Mack, 1985

1.24 (rechts)
Präriestühle:
Daniel Mack, 1989

Bauweisen

Überall auf der Welt wird Gebautes nicht nur durch Gedanken und Hände beeinflußt, sondern auch durch den historischen Kontext, in dem es entstanden ist. Keiner der Möbelbauer, die ich kenne, reproduziert einfach traditionelle Wildholz-Formen. Sie alle kennen andere zeitgenössische Arbeiten ihrer Kollegen und Kolleginnen durch Ausstellungen, Galerien und Magazine. Ebenso sind sie natürlich auch mit den Bauweisen historischer Wildholzmöbel vertraut, wie sie in Büchern dokumentiert sind, etwa in Craig Gilborn's *Adirondack Furniture and the Rustic Tradition*, Sue Honaker Stephenson's *Rustic Furniture* und Susan Osborn's *American Rustic Furniture*.

Bei zeitgenössischen Wildholzmöbeln lassen sich anhand wiederkehrender Elemente in der Formgebung fünf Bauweisen erkennen, wobei häufig mehrere in einem Objekt kombiniert sind. Daneben gibt es auch noch eine ganze Anzahl interessanter Werke, bei denen ungewöhnliche Materialien oder Techniken zum Einsatz kommen.

Zusätzlich zu den Beispielen zeitgenössischer Arbeiten in diesen fünf Bauweisen stelle ich im folgenden auch einige historische Stücke vor, die zum besseren Verständnis heute gebauter Wildholzmöbel dienlich sein können. Schließlich mag es hilfreich sein, wenn der Leser, die Leserin, das Buch in Ruhe durchblättert und sich die Anleitungen zu den einzelnen Bauweisen anschaut.

Möbel aus Ästen und Jungholz

Ast- oder Jungholzmöbel werden aus jungen Bäumen und Zweigen zusammengebaut und zwar so, daß die Art des Wuchses erhalten bleibt. Die Kunst des Erbauers liegt darin, die richtigen Hölzer zu wählen und sie zu schönen und funktionalen Möbeln zu kombinieren.

Das Bauen mit Ästen und Jungholz ist üblicherweise intuitiv, spontan und erfordert eine bestimmte Art von interaktivem Vorgehen. Gewöhnlich wird man kaum einem genauen Entwurf folgen, sondern muß „nur" einige interessante Äste verbinden. Der Erbauer sollte flexibel sein und bereit, während des Zusammenbaus immer wieder Änderungen vorzunehmen, da jedes hinzugefügte Element wieder neue Möglichkeiten erschließt.

Möbelstücke aus Ästen und Jungholz wirken oft wenig stabil, da man sich bei Ästen ein Material vorstellt, das beim Waldspaziergang unter den Schritten zerbricht. Doch das sind ja nur die trockenen, kleinen Aststücke, die schon angefangen haben zu modern und wieder zu Erde werden. Der Wildholzwerker dagegen versteht unter Ästen und Junghölzern kräftige Holzstücke, die frisch geschnitten und getrocknet sind. Obwohl sie den Anschein von Zerbrechlichkeit haben mögen, besitzen sie doch die Festigkeit von Bauholz.

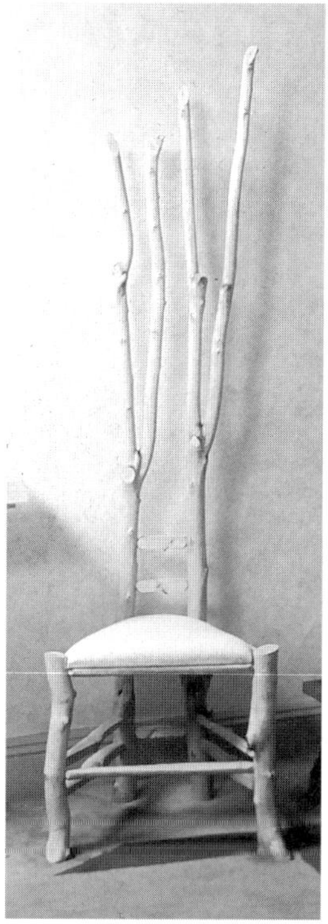

1.25 Gabelstuhl, geschält, 1991: Haus der Metropolitan Home Show

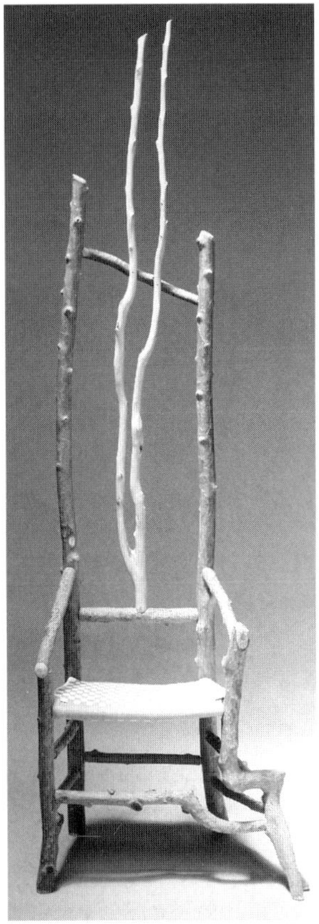

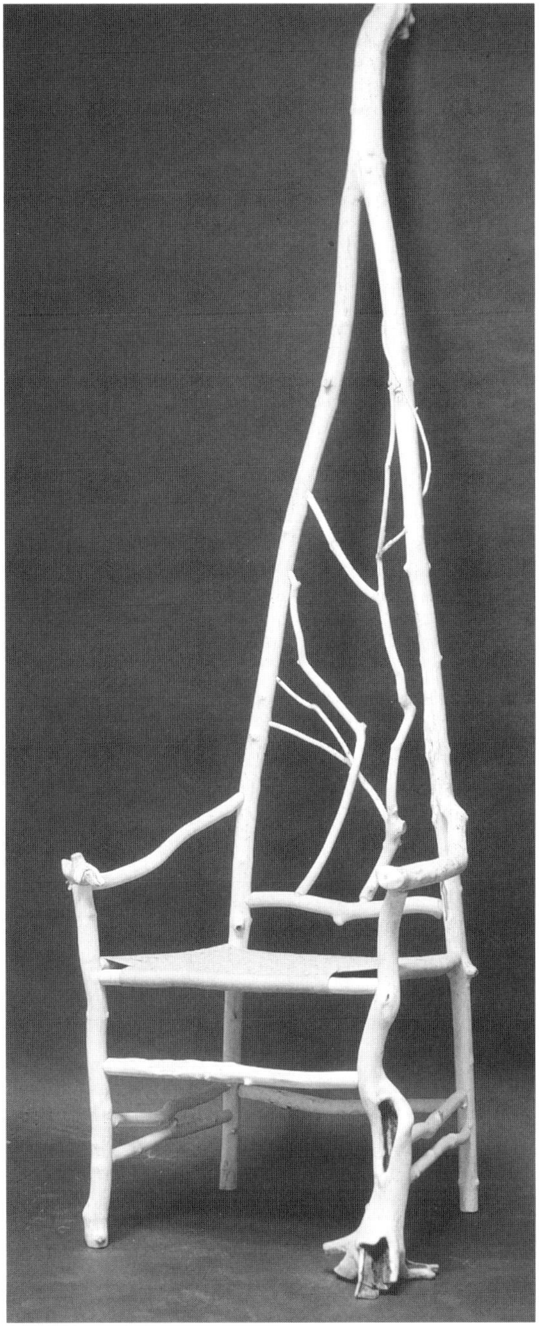

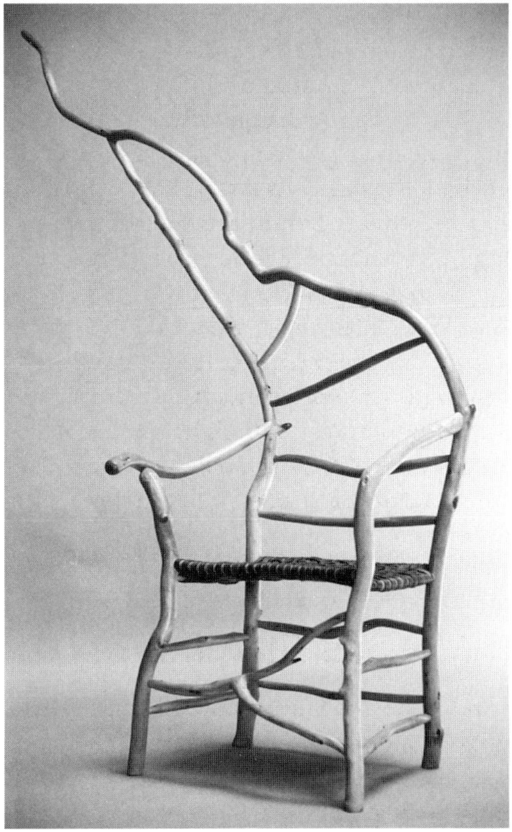

1.26 (links)
Stuhl:
David Lee Sullenger, Kalifornien

1.27 (Mitte)
Gabelstuhl aus Ahorn: Daniel Mack, New York

1.28 (rechts)
Stuhl:
David Lee Sullenger, Kalifornien

Stühle aus Ästen und Jungholz muten ein bißchen wie Bleistiftzeichnungen von Bäumen an. Manche Kunsthandwerker benutzen krumme Stöcke, andere ziehen gerade vor. Einige schälen ihre Stöcke, andere lassen die Rinde dran. Manche nageln die Stöcke zusammen, andere setzen geleimte Zapfenverbindungen oder Dübel ein. Im allgemeinen aber verbinden sie alle Äste und Jungholz so, daß die Proportionen ihres natürlichen Wuchses widergespiegelt werden.

Bauen mit Ästen und Jungholz früher: In vergangenen Zeiten wurden fast alle Wildholzmöbel aus Ästen und Jungholz gebaut, so daß heutige Anhänger dieser Bauweise sich von einer großen Anzahl historischer Vorbilder inspirieren lassen können. Es sind ausgezeichnete Sammlungen erhalten, photographiert und dokumentiert, ganz besonders in den Adirondack Mountains im Norden des Staates New York, wo der Bau von Wildholzmöbeln eine Reaktion auf das Leben in diesem entlegenen Gebiet war. Einer der bekannteren Wildholzkünstler dieser Gegend war *Clarence Nichols*, dessen Eßtisch mit Stühlen, 1947 gebaut, auf Seite 52 abgebildet ist.

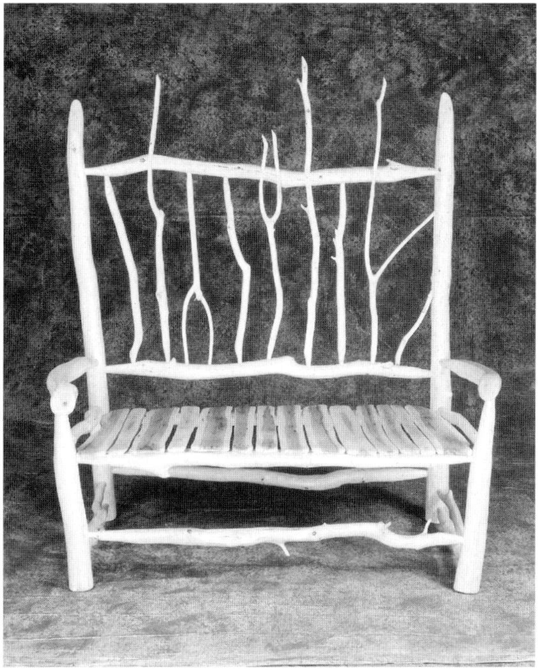

1.29 Bank: Brad Greenwood, Kalifornien

Möbel aus Stammholz

Um Möbel aus Stammholz herzustellen, werden dickere Äste oder Teile eines Baumstammes als tragende Elemente eingesetzt. In Aussehen und Gewicht sind solche Möbelstücke entsprechend kräftig. Sie können auch einige natürliche Kurven und Rundungen aufweisen, werden aber im Gegensatz zu Möbelstücken aus Ast- oder Jungholz meist nach verhältnismäßig genauen Entwürfen konstruiert. Als Material ist in den Adirondacks Zedernholz gebräuchlich, im Westen sind es Hölzer aus Pinie, Espe und Wacholder. Um die recht ausladenden Möbel auch bequem bauen zu können, sollte die Werkstatt einigermaßen groß sein.

Die Stämme werden üblicherweise geschält, um Insektenbefall so gut wie möglich auszuschließen. Ich selbst baue hauptsächlich

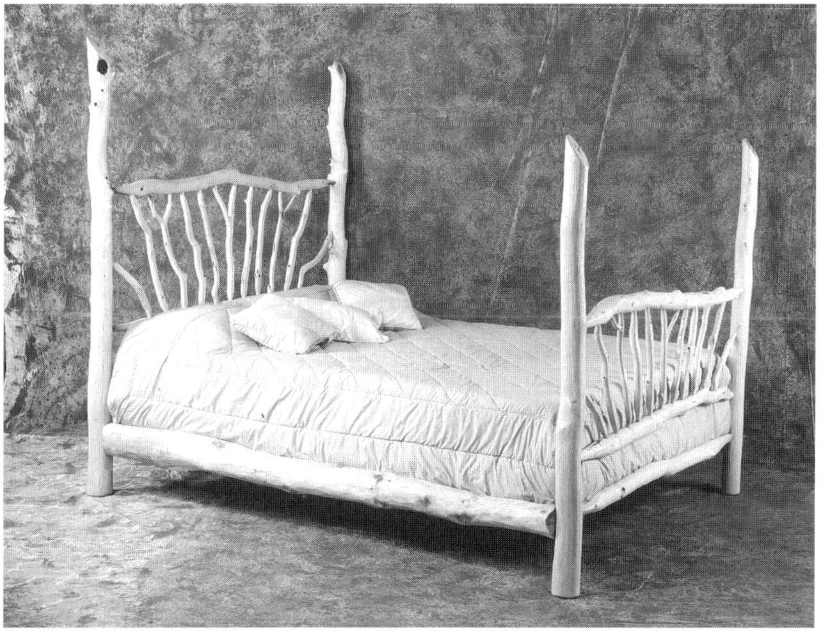

1.30 Bett: Brad Greenwood, Kalifornien

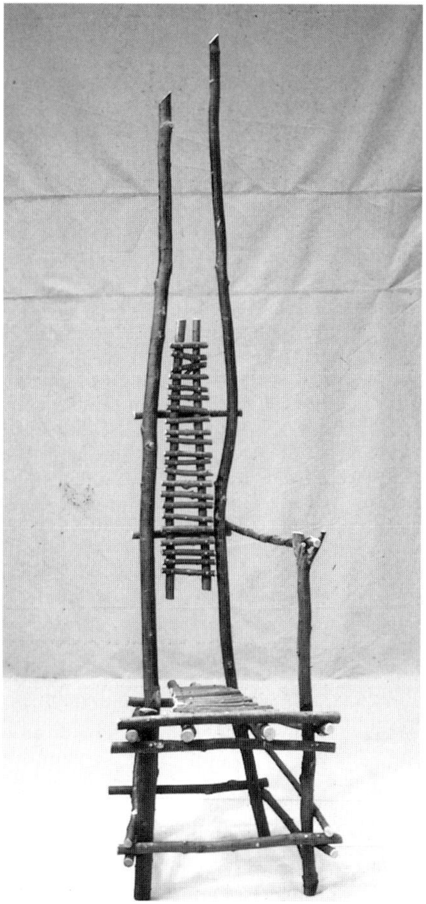

Möbel für Innenräume, deshalb ist mein Lieblingsholz Weißzeder, ein verhältnismässig leichtes Holz. Dadurch ist gewährleistet, daß sich das fertige Möbelstück einfacher bewegen läßt. Weißzederholz läßt sich zudem gut bearbeiten und oberflächenbehandeln.

Möbel aus Stammholz haben eher mit dem Zimmermannshandwerk zu tun als mit der Kunst des Stuhlbaus. Sehr oft werden diese Stücke fest in ein Haus eingebaut. Die ausladende Größe, das Gewicht und die natürliche Form der Bauteile schränken die Möglichkeiten für lyrische, lebendige Arbeit ein. Diesen Möbeln haftet vielmehr ein Hauch von Ewigkeit an, sie vermitteln einen sehr dauerhaften und unbeweglichen Eindruck.

Neben Möbeln lassen sich aus Stammholz auch Gartenhäuschen, Pergolen, Lauben oder andere Außenobjekte bauen. Die traditionellen Wildholz-Konstruktionen (im New Yorker Central Park und im Mohonk Mountain House in den unteren Catskill Mountains im Staat New York) übten, historisch gesehen, einen starken Einfluß auf die Wildholzbauer aus, die mit Stammholz arbeiten. Rustikale Bauobjekte aus Stammholz sind auch in den amerikanischen Nationalparks vorherrschend. Yellowstone Lodge oder das Berghotel auf Mt. Hood sind augenfällige Beispiele dafür. So manches Werk aus Stammholz sieht aus wie ein überdimensioniertes Objekt aus Ästen oder Jungholz. Zuweilen werden auch Wurzeln oder anderes knolliges Holz mitverarbeitet, wodurch Kurven und Rundungen in die sonst geradlinigen Formen gelangen.

Linke Seite:

*1.31 (links oben)
Stuhl: Lillian Dodson, New York*

*1.32 (links unten)
Würfeltisch, Weide: Michael Emmons, Kalifornien*

*1.33
Stuhl und Tisch, Weide: Michael Emmons, Kalifornien*

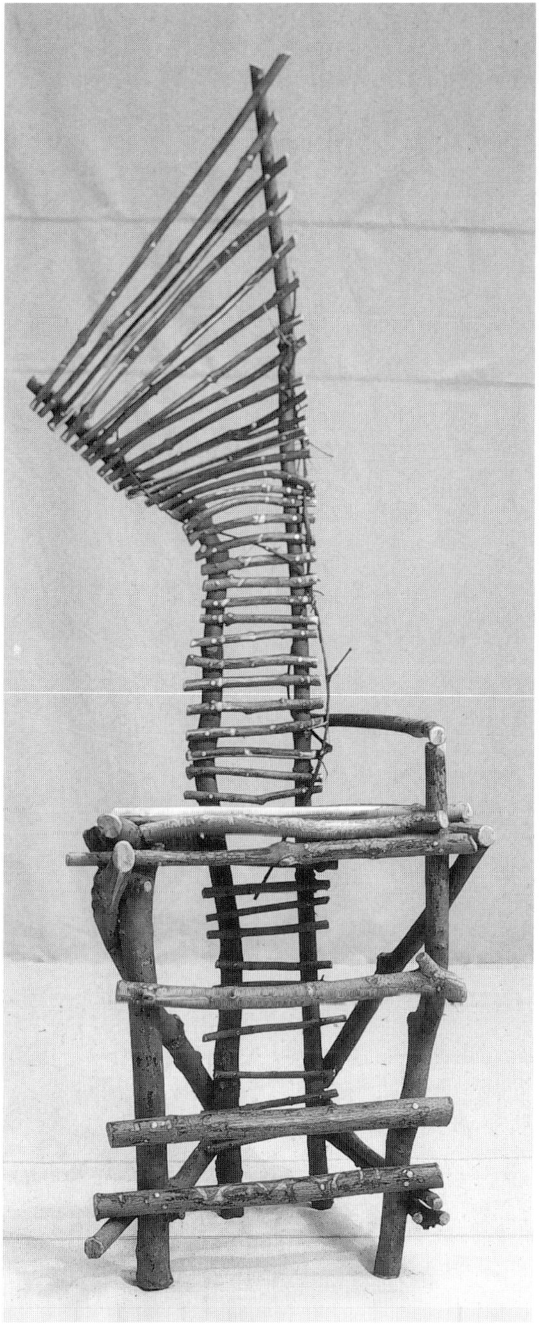

*1.34
Stuhl: Lillian Dodson, New York*

1.35 (unten)
Weidenbank, genagelt:
Elaine Shay, Liz Sifrit
Hunt, Ohio

1.36 (rechts oben)
Tisch mit Teppich:
Lillian Dodson,
New York

1.37 (rechts unten)
Beistelltisch,
genagelte Weide:
Michael Emmons,
Kalifornien

Bauen mit Stammholz früher: Dekorative Bauten im Freien aus Stammholz waren die logische Fortsetzung der Blockhäuser, die ebenso aus Baumstämmen hergestellt waren wie alles andere, das stabil sein mußte. Die Holzbauten im New Yorker Central Park veranlaßten reiche Stadbewohner dazu, auf diese Art auch ihre Ferienhütten zu bauen. Die Photographie vom Anfang des Jahrhunderts (Seite 90) zeigt den phantasievollen Einsatz von Stammholz für das Eingangstor eines Parks in Sacandaga, New York.

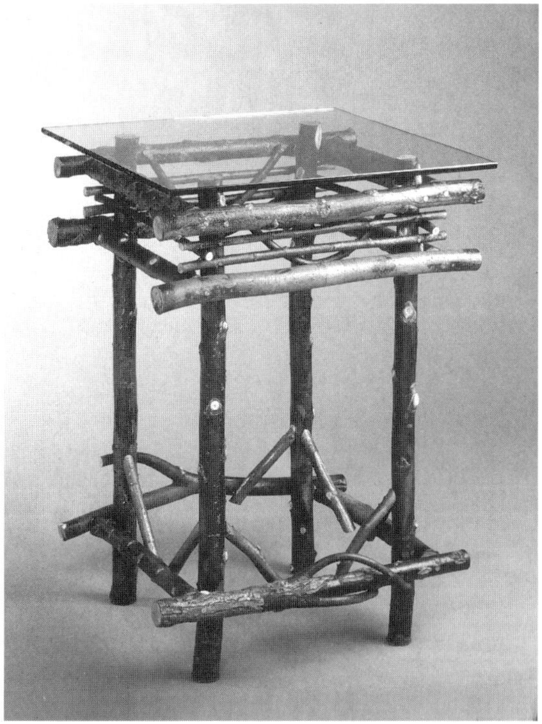

Möbel aus Bugholz

Bugholz-Möbel werden hergestellt, indem lange, gerade Ruten oder Reiser von einem Baum um einen Rahmen gebogen und angenagelt werden. Gewöhnlich werden Konstruktionen aus Bugholz vor dem Bau sorgfältig geplant, und üblicherweise entspricht das fertige Möbelstück dann auch dem Entwurf. Bei der Herstellung von Möbeln aus gebogenen Weidenruten arbeitet oftmals die gesamte Familie mit, denn für jedes Mitglied gibt es dabei Passendes zu tun.

Möbel aus gebogenen Weidenruten, wie sie besonders im Süden der USA hergestellt werden, sind weit verbreitet. Überall im Süden gibt es Familien, die solche Möbel nach Vorlagen bauen, die seit Generationen weitergereicht werden. Die Amischen, eine große Gemeinschaft christlicher Fundamentalisten in Pennsylvania, im Staat New York, in Ohio und in Indiana haben sogar eine eigene Technik entwickelt, Möbel aus Bugholz herzustellen, indem sie bei ihren Objekten Wildholzruten mit zugesägtem Bauholz kombinieren. Bugholzmöbel werden in den USA überall dort gebaut, wo schnellwachsendes, biegsames Holz wie Weide, Erle oder Cottonwood vorkommt.

Bauen mit Bugholz früher: Weil gut biegsame Weidenruten fast überall wachsen und es verhältnismäßig einfach ist, einen klassi-

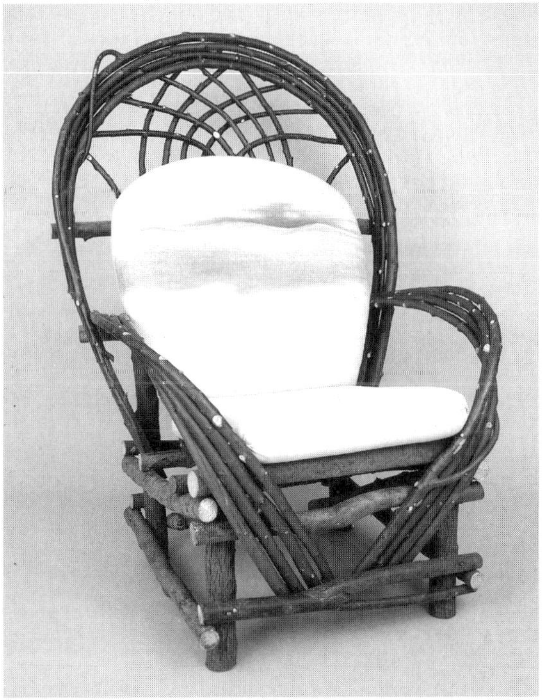

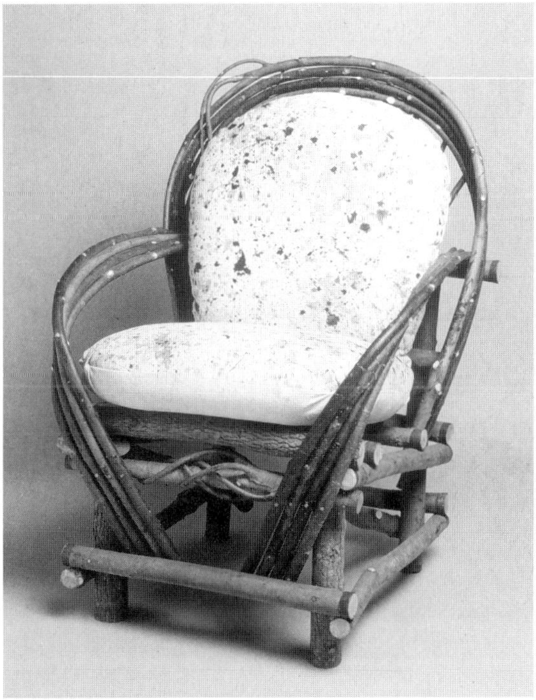

1.38 und 1.39 Stühle aus gebogenen Weidenruten: Michael Emmons, Kalifornien

1.40
Stuhl aus gebogenen Weidenruten: Monte Lindsley, Washington

schen Sessel aus gebogenem Holz zu konstruieren, dürften Bugholz-Möbel wahrscheinlich die am häufigsten gebauten Möbel aus Wildholz sein. Es ist nicht so klar, woher die Formgebung stammt, vielleicht von den Choctaw-Indianern oder von den Zigeunern, vielleicht auch aus Afrika. Die Großfamilie Odell in North Carolina zum Beispiel stellt seit drei Generationen Möbel aus gebogenen Weidenruten her (siehe Seite 83, links unten).

Exkurs: Möbel aus Weiden

von Michael Emmons

1979 habe ich mit dem Bau von Wildholzmöbeln aus Bachweide angefangen. Davor war ich Goldschmied und arbeitete an klei-

1.41
Sessel und Liegen aus Weiden und Hartriegel: Devone Johnston, Kanada

SPRESSO
HAPPY
HOUR
3pm - 5pm

1.42 (Seite 29) und 1.43 Mark und Cynthias Cafè in Crescent City, Kalifornien: Selbstgebaute Möblierung aus Weidenruten für drinnen und draußen

nen Werkstücken, mit völlig anderen Materialien und Techniken als ich es heute tue. Hier hat jeder Baum und jeder Zweig eine andere Form und drückt etwas anderes aus. Jedes Stück hat Leben in sich und führt einem die Hand, ja, auf eine bestimmte Art ist ein Stuhl einem behilflich, sich selbst zu bauen.

Frisches Holz bietet viele Möglichkeiten, bringt aber auch Probleme, die man mit hartem, abgelagertem Holz nicht hat. Weide ist ein willfähriges Material, das in gebogene, fließende Formen gebracht werden kann. Die Geschmeidigkeit des Holzes hängt vom Feuchtigkeitsgehalt in den Fasern ab.

Mein erster Stuhl entstand als privates Projekt. Ich wollte einfach für unser Haus einen bequemen Stuhl anfertigen. Als Vorlage diente mir ein abgenutzter und verbogener Weidenstuhl, den mein Bruder einmal gebaut hatte. Obwohl ich auf mein erstes Weidenmöbel durchaus stolz bin, beschränken wir uns heute darauf, unseren Philodendrontopf darauf zu stellen. Während der nächsten paar Versuche wurden mir die handwerklichen und gestalterischen Anforderungen bewußt, die es zu erfüllen galt, wollte ich einen Stuhl herstellen, der auch bequem ist.

Zu guter Letzt konnte ich dann einen Weidenstuhl bauen, der mich zufriedenstellte. Inzwischen war ich von dem Wunsch besessen, auch weiterhin Weidenmöbel zu bauen. Die herrlichen, grünen Zweige fühlten sich in meiner Hand so gut an. Sie waren so lebendig und sie ließen sich zu einem Objekt formen, das sowohl schön als auch funktional war. Ich fühlte mich, als ob ich mit Stäben aus Licht arbeitete.

Irgendwann fing ich an, ergonomische Prinzipien auch auf neue Entwürfe zu übertragen und bemühte mich, jeden Stuhl so bequem wie möglich zu gestalten. Ich entwarf und baute ein zweisitziges Sofa, eine Reihe unterschiedlicher Schaukelstühle, des weiteren Eßstühle und Eßtische, eine Chaiselongue, Stühle mit geraden Lehnen, Kaffeetische, ein Betthaupt und Raumteiler, und, und, und ... Es ergaben sich immer neue Möglichkeiten.

1.44 und 145
(links oben und unten)
Sessel aus gebogenen Weidenruten:
Paula Moody,
Barry Jones, Georgia

1.46
(rechts oben)
Alter Bugholz-Schaukelstuhl aus den Appalachen, etwa aus dem Jahre 1900

1.47
Sessel aus gebogenen Weidenruten:
Michael Emmons, Kalifornien

Für die Stühle waren Kissen notwendig. Meine Frau Ronna, eine Künstlerin, begann mit Stoffmuster und Polsterformen zu experimentieren. Schließlich entschied sie sich für weiche, luftige Inlets mit abnehmbaren Überzügen. Die Überzüge bemalte sie mit abstrakten Mustern und Impressionen aus den Gegenden, in denen die Weiden gewachsen waren. Es gelang ihr, die Kissen so zu gestalten, daß sie einen natürlichen Bezug zur Form der Weidenmöbel herstellten und sie ergänzten.

1.48 (oben)
Kommode mit Hölzchen-Mosaik: Diane Cole, Montana

1.49 (unten)
Detail: Holzmosaik an einem alten Schreibtisch, zur Verfügung gestellt von Robert Doyle

Rahmen und Füllung: Mosaik aus Spalthölzchen

Bei dieser Bautechnik werden ganze oder der Länge nach halbierte Äste als Füllung auf einen Rahmen geleimt oder genagelt. Dadurch lassen sich sowohl Volumen als auch Zierlichkeit und Geometrie erzeugen. Diese Technik ist allerdings verhältnismäßig arbeitsaufwendig und es bedarf einiger Sorgfalt, doch lassen sich oftmals erstaunliche Ergebnisse erzielen. Durch Einsatz unterschiedlicher Holzarten und Muster ist es einfach, sehr vielfältige Erscheinungsbilder zu erzielen.

Auch Rindenstücke von Birken- Zedern- oder Kirschbäumen können auf einen Rahmen aus Holz aufgebracht werden. Üblicherweise werden die Kanten und Fugen mit gespaltenen oder ganzen Ästen verdeckt. Rindenfurnier kann Schränke, Tische, Schreibtische, Truhen, Uhren, Bilderrahmen verschönern. Zweimal im Jahr kann Birken- und Kirschenrinde von lebenden Bäumen geschält werden, bei sorgfältigem Vorgehen

1.50 (links)
Standuhr mit Holzmosaik:
Jerry und Jessica Farrell, New York

1.51 und 1.52 (Mitte)
Schälen von Birkenrinde:
Tom Phillips, New York

1.53 und 1.54 (rechts)
Körbe und Behälter aus Birkenrinde,
Ojibwa-Indianer, Minnesota,
zur Verfügung gestellt
von Ladyslipper Designs

wird der Baum dabei nicht beschädigt und produziert für viele weitere Jahre Rinde (Seite 33).

Die Abbildungen 1.53 und 1.54 zeigen Körbe aus Birkenrinde, die traditionell von den Ojibwa-Indianer in der Gegend von Bedjidi in Minnesota hergestellt werden.

Exkurs: Wandverkleidung mit Birken- und Zedernrinde

(Auszug aus einem Artikel von 1911 in der Zeitschrift *Country Life in America* von *Benjamin G. Fernald*)

Ein rustikales Sommerhaus oder auch eine Blockhütte in der Wildnis einzurichten ist nicht einfach, denn allzuleicht wählt man statt dem Angemessenen das Unpassende. Glücklicherweise bietet der Wald fast überall einfache und kostenlose Materialien, um nicht nur das Innere, sondern auch die Fassade einer Blockhütte harmonisch zu gestalten. Am leichtesten zu beschaffen und ebenso leicht zu verarbeiten ist die Rinde von Zedernbäumen oder von Birken aller Art. Die Blockbohlenwände der Hütten können sowohl innen als auch außen damit verkleidet werden, wobei bei Blockbohlenwänden aus ungeschälten Holzstämmen üblicherweise rauhe Rinde, bei geschälten Stämmen glatte Rinde benutzt wird. Im letzteren Fall wird Birkenrinde mit der Innenseite nach außen verlegt.

Anders als bei Zedernrinde ist bei Birkenrinde eine große Vielfalt von Oberflächen und Farben zu finden. Raffinierte Farbmuster sind hier möglich, einfach, indem man beide Seiten der Rinde verwendet und sie spaltet. Das Farbenspektrum reicht von leuchtendem Orange und reinem Weiß bis hin zu warmen Schwarztönen, die möglichen Oberflächenstrukturen von papierener Glätte bis hin zu zottiger Rauheit.

Im Außenbereich können alle der Witterung ausgesetzten Oberflächen mit Zedern- oder Birkenrinde verkleidet werden, sogar Fenster- und Türrahmen.

In gleicher Weise lassen sich aus ungehobelten und astreichen Brettern wunderschöne Türen und Schränke herstellen, indem man sie mit Zedern- oder Birkenrinde verschalt. Und natürlich können auch alle Innenwände und die Decken auf diese Weise getäfelt werden.

Die Rinde sollte im Frühjahr geschält werden, wenn der Saft steigt. Zum Verkleiden sind ziemlich große Stücke Birkenrinde nötig. Der Umfang des Baumes bestimmt natürlich die Breite des Rindenstücks, während die Länge etwa zwischen 90 cm und 1,80 m schwankt.

Als erstes wird die Rinde in entspechenden Abständen oben und unten rundherum mit einer Säge oder Axt eingeschnitten. Ein Schnitt der Länge nach verbindet die beiden horizontalen Schnitte, dann kann die Rinde abgezogen werden, ähnlich wie man eine Orange schält. Mit einer stumpfen Axtklinge oder mit einem etwa 1 m langen Holzstock, dessen Ende keilförmig zugeschnitzt wurde, wird die Rinde entlang des Längsschnittes vom Stamm abgelöst und weiter abgeschält.

1.56 (links oben)
Liegestuhl: Jim Dobble, Oregon

1.57 (links unten)
Bett aus Lodgepole Pinienholz: Ted Ingham, Kanada

1.58 (rechts oben)
Bett aus Stammholz und Ästen, Ahorn, weiß lasiert: Daniel Mack, New York

1.59 (rechts unten)
Hochbett aus Zeder und Ahorn: Daniel Mack, New York

Gleich nach dem Schälen rollt sich die Rinde auf, ist aber geschmeidig. Sie sollte sofort flach ausgebreitet werden. 10 oder 12 solcher Stücke klemmt man zwischen einige kleine Holzstämmchen, die an den Enden mit einem Seil oder Draht oder auch mit einigen Holzstücken und Nägeln zusammengehalten werden. Das Gestell hält die Stücke flach, solange sie austrocknen und ablagern. Wenn die Rinde getrocknet ist, kann die rauhe, zottige Schicht außen mit den Händen abgezogen werden. Um die Rinden außen noch weiter zu glätten, können sie über Dampf gehalten oder in Wasser eingeweicht und anschließend wieder wie zuvor beschrieben in Gestellen getrocknet werden. Die Gestelle erlauben den Rindenstücken beim Trocknen zu schrumpfen, ohne zu reißen. Nagelt man sie dagegen frisch vom Baum fest, reißen sie später leicht, besonders wenn man in der Hütte über einen längeren Zeitraum ein Feuer unterhält.

1.60
Bank:
David Robinson, New York

Da Zedernbäume selten einen großen Durchmesser haben, sammelt man die Rinde notwendigerweise in langen Streifen und nicht in breiten Rechtecken. Zedernrinde reißt leicht, wenn sie nach dem Trocknen verarbeitet wird, da ihre Oberfläche leicht gewellt ist. Das ist jedoch nicht weiter schlimm, da die Stücke so dicht aneinander auf die zu verkleidende Fläche genagelt werden können, daß die Fugen durch die abstehenden Fasern an den Kanten verdeckt werden.

Beim Befestigen sowohl von Zedern- wie auch Birkenrinde gibt es nichts weiter zu beachten, außer daß man Nägel mit kleinem Durchmesser verwendet, etwa Drahtstifte für Schindeln. Für die Vertäfelung von Wänden und Decken sind großköpfige Nägel sehr effektvoll, wenn man sie in einem Schmuckmuster anordnet.

Birkenrinde ist sehr haltbar, und ich habe noch nie ein verrottetes Stück gesehen. Sie hält sich noch Jahre, nachdem der ganze Baumstamm längst verrottet ist. Ich glaube nicht, daß Zedernrinde ebenso dauerhaft ist, sie ist aber in jedem Fall mindestens so beständig wie das meiste unbehandelte Bauholz, das dem Wetter ausgesetzt wird.

Möbel aus Wurzel- und Knollenholz

Auch die nahe oder in der Erde befindlichen Teile der Bäume – Stümpfe, Knollen und Wurzeln – können zum Bau von Möbeln benutzt werden. Traditionell werden die Wurzeln von Berglorbeer oder Rhododendron verwendet. Der Bau von Wildholzmöbeln aus Baumwurzeln ist eine besondere Herausforderung, denn dabei ist nicht nur maulwurfartiges Sammeln und gründliches Säubern nötig, sondern es bedarf auch beträchtlicher ästhetischer und handwerklicher Fähigkeiten, um die unförmigen Wurzeln in ein schön proportioniertes Möbelstück zu verwandeln. Ein gelungenes Stück ist dann aber auch ein faszinierendes Denkmal für alles, was in der Erde wächst. Knollen, diese beulenähnlichen Verdickungen, die manchmal an Baumstämmen und Ästen zu sehen sind, stellen natürliche Auswüchse dar, mit denen ein Baum sich selbst vor Infektionen schützt oder von Insekten verursachte Verletzungen heilt. Wenn man sie aus dem Baum schneidet, ist ihre wundervoll gewirbelte Maserung sichtbar, die

1.61 (Seite 38)
Michael Emmons in seiner Werkstatt

1.62 (links)
Hocker aus Wurzelholz: Philip Clausen, Oregon

1.63
Sesselgestell aus knolligem Holz

für Furniere besonders geschätzt wird. Sehr große Knollen werden manchmal gespalten und die gemaserte Oberfläche poliert, um sie als Tischplatte zu verwenden. Knollige Stamme oder Äste können auch gut als Schmuckelement eingesetzt werden (siehe Seite 92 und 93). Für den einfallsreichen Holzhandwerker gleichen die kugelförmigen Knollen an Bäumen seltenen Perlen, die zum beliebten Blickfang für ausladende Möbelkreationen werden können.

Mischformen bei Wildholzmöbeln

Neben den oben beschriebenen Bauweisen gibt es eine ganze Reihe von Mischformen: Bei **gewobenen** und **geflochtenen** Wildholzmöbeln wird die Bugholz-Technik mit der Korbflechtkunst kombiniert. Dünne Zweige oder Schößlinge werden locker bis fest zu einer stabilen Konstruktion gewoben.

1.64
Stühle aus gespaltenem Holz: Daniel Mack, New York

Auch die Maserungen im Holz lassen sich als natürliche Vorgabe benutzen, indem die Hölzer längs der Maserung gespalten werden. Im Grunde sind Möbel aus **gemasertem Spaltholz** nur eine Abwandlung der ursprünglich ländlichen Bauweise, bei der das Möbelholz aus dicken Stämmen geschlagen, und das frische Holz in runde Pfosten und Sprossen geschnitten wird. Die Möbelteile werden also so geformt, wie sie sich gemäß der Maserung im Stamm spalten. Ich habe etwa hundert Stühle und Tischgestelle in dieser Art gebaut (siehe auch Seite 85).

Bemalte und **gefärbte** Hölzer: Wildholzmöbel müssen nicht unbedingt ihre natürliche Oberfläche behalten. Durch Farben und Beizen können völlig andere, oft verblüffende visuelle Eindrücke geschaffen werden. Einige Wildholzbauer benutzen gedämpfte Farbtöne, um bei einem Möbelstück ein „antikes“ Erscheinungsbild hervorzurufen, andere wiederum verwenden kräftige Farbtöne, um ein gefälliges, modernes Aussehen zu erzeugen (siehe Seiten 80, 81 und 85).

Treibholz: Dies ist ein naheliegendes Material für Möbelbauer, die in der Nähe des Meeres, eines Sees oder Flusses leben. Bei Treibholz haben die natürlichen Vorgänge von Zerfall und Verwitterung die Holzoberfläche mitgestaltet. Wenn man Holz lange genug in einer feuchten Umgebung läßt, verliert sogar gehobeltes Bauholz seine spitzen Kanten und kehrt wieder zu seiner ursprünglichen Gestalt zurück. Treibholz-Fundstücke bergen zusätzlich das Geheimnis eines früheren Lebens in sich: vielleicht waren sie Teil eines gesunkenen Schiffes,

1.65
Stuhl aus gespaltenem Holz mit Lederkissen: Daniel Mack, New York

1.66
Tisch aus gespaltenem Holz: Daniel Mack, New York

1.67 (links oben)
Stuhl aus Treibholz:
Daniel Mack, New York

1.68 (rechts oben)
Bank aus Pinienholz:
Steve Weih, Wyoming

1.69 (links unten)
Beistelltischchen,
San Francisco Bay
Treibholz:
Susan Parish,
Kalifornien

1.70 (rechts unten)
Bank aus Osage
Orange:
Bud Hanzlick, Kansas

vielleicht auch nur die unterste Treppenstufe, die zu einer Hütte am Strand führte.

Materialmix: Materialien wie Metall, Stein, altes Werkzeug und organische Gebilde wie z.B. Geweihe oder Hörner werden zuweilen auch in Möbelstücke aus Wildholz eingebaut. Materialmix war z.B. charakteristisch für die Wildholzmöbel im „Ranch-Stil" von *Thomas Molesworth*. Er baute Eisen, Leder, Indianerdecken, Seil, Hörner, Geweihe, Knochen, Hufe oder Häute, ja sogar Tierköpfe in seine Kreationen ein. Einmal benutzte er einen Fischkorb als zentrales Element eines Zeitungsständers, den er für das Haus von Präsident *Dwight D. Eisenhower* , einem begeisterten Fliegenfischer, entwarf.

1.71
Bank, San Francisco Bay Treibholz: Susan Parish, Kalifornien

Naturgewachsene Wildholzmöbel

Wenn wir das Bauen mit Wildholz als Synthese aus den Vorstellungen eines Kunsthandwerkers und den Launen der Natur betrachten, dann hat sicherlich *John Krubsack* aus Embarrass in Wisconsin den Vogel abgeschossen! Er ließ über 11 Jahre hinweg einen Stuhl aus lebenden Bäumen wachsen! *John Krubsack* war ein Bankier und Farmer, der sich mit der Kunst des Veredelns und Propfens befaßte und 1908 beschloß, seine Fähigkeiten mit einem außergewöhnlichen Projekt unter Beweis zu stellen. Also pflanzte er 28 Holunderbäumchen nach einem sorgfältig geplanten Muster. Nach einigen Jahren begann er, die Wuchsrichtung der Schößlinge mit Hilfe eines Spaliers zu lenken, und schließlich propfte er die einzelnen Bäume an bestimmten Stellen zusammen, um daraus Armlehnen, Sitz und Lehne eines Stuhles zu formen. Nach 10 Jahren schnitt er alle Bäume ab, außer den Bäumen, die die Beine formten, die ließ er noch ein Jahr lang weiter wachsen. Unter dem Namen „Der gewachsene Stuhl" wurde Krubsacks Schöpfung in den Zwanziger Jahren zu einer Attraktion und mehrmals landesweit ausgestellt (Seite 44).

1.72
John Krubsack in seinem Spalier aus gepfropften Holunderbäumchen

1.73
Jahre später: John Krubsack auf seinem naturgewachsenen Stuhl aus 28 Holunderbäumchen

Der Wildholzcharakter: Geschichten von Menschen

Beim Bauen mit Wildholz gilt es natürlich auch die menschliche Seite zu betrachten. Abgesehen von der Gegend, dem regional verfügbaren Holz, den Macharten und den baulichen Einflüssen sind auch die jeweiligen menschlichen Beweggründe wichtig – jene geheimnisvollen Triebe, aus denen heraus erwachsene Menschen stundenlang mit Ästen und Stöckchen herumhantieren. Abhängig vom Augenmaß, den Fähigkeiten und der Vorstellungskraft des Erbauers können dabei wunderschöne Waldskulpturen entstehen – vielleicht aber auch nur Haufen unförmiger Holzstöcke. Im folgenden wird aus der Lebensgeschichte einiger Menschen erzählt, die einen guten Teil ihres Lebens mit dem Bauen von Wildholzmöbeln verbracht haben.

Wildholzwerker kommen aus allen Schichten oder, besser gesagt, die Wildholz-Leidenschaft macht vor keiner gesellschaftlichen Schicht Halt. Manche versuchen, das Bauen mit Wildholz zum neuen Beruf zu machen, und einige haben sogar Erfolg damit. Für andere bleibt es ein Hobby, ein Ausgleich zu ihrer tagtäglichen Beschäftigung. Und dann gibt es auch noch die Exzentriker, die auf ganz besondere Weise durch ihre Arbeit mit naturbelassenem Holz geprägt wurden. Ihnen ist eine Leidenschaft zu eigen, die ihre Objekte von denen anderer Wildholzwerker deutlich abhebt.

Leidenschaftliche Wildholzwerker gehen ebenso mutig mit Farbe und Oberflächengestaltung um wie sie es mit ihren eigenen menschlichen Regungen, Gefühlen und Launen tun. In ihren Arbeiten sind oft sehr verschiedenartige Materialien miteinander verbunden. Die Arbeiten muten beinahe so an, als sei ein sehr kreatives, sensibles Kind im Wald losgelassen worden, und die Stühle, Bänke, Betten und Tische aus Wildholz stellen das Ergebnis eines Nachmittags voll intensiven Spiels mit den Bäumen dar.

Beim Betrachten eigenwilliger Objekte ist es nicht immer einfach, den Baum von der Person zu trennen, die ihn umformte. Zwischen Mensch und Baum entsteht so etwas wie eine gegenseitige Beseelung, ein würdevoller Austausch und eine Verschmelzung, die für alle außer dem kundigen (und ebenfalls eigenwilligen) Käufer verwirrend sind.

Zu jeder Zeit gab es exzentrische Kunsthandwerker, die sich dem Bau von Wildholzmöbeln verschrieben haben. Beim Recherchieren für dieses Buch stieß ich mehrmals auf Geschichten, die beschreiben, welche magnetische Anziehungskraft der Bau von Wildholzmöbeln für manche Menschen hat. In der nachfolgenden Geschichte aus einem Buch von 1883, beschreibt der anonyme Autor seinen Urlaub, den er mit dem Bau von Wildholzmöbeln verbrachte:

„Wann immer ich im Sommer zu meinem Ferienhaus fahre, habe ich neun Monate harter Arbeit hinter mir, und ich möchte Erholung vom ewigen Lesen, Schreiben und Denken. Ich kann aber nicht die ganze Zeit reiten oder rudern. Jagen, Angeln oder Gärtnern interessieren mich nicht sonderlich, und so habe ich mir zu guter Letzt angewöhnt, ein bißchen zu schreinern.

Da es um mich herum eine Unmenge krummer Äste und Baumstämme gibt, richtete sich meine Arbeit bald auf das Werken mit Wildholz. Als Ergebnis besitze ich hier jetzt drei Sommerlauben, fünf oder sechs kleine und große Sessel, die unter Bäumen stehen, mehrere Laubengänge und eine erkleckliche Anzahl von Stühlen und Sofas, die hier überall verstreut herumstehen – alle aus Wildholz. Und jedes Jahr wird meine Wildholz-Sammlung größer. Die Arbeit macht mir Spaß und füllt auf angenehme Art meine Ferienzeit aus.

Alle meine Wildholzobjekte sind robust und stabil gebaut und mit verschieden großen Nägeln zusammengefügt, ab und zu auch mal mit einer Schraube. Die einzigen Werkzeuge, die ich dafür benutze, sind ein Hammer, eine Säge, ein Beil und ein Handbohrer. Außerdem verbrauche ich eine Menge starker Schnur, um Holzstücke zusammenzubinden. So kann ich sehen, wie sie passen. Manchmal probiere ich ein halbes Dutzend Mal aus, wo sich ein krummer Ast, der mir gut gefällt, am besten einfügen läßt; oder andersherum kann es auch vorkommen, daß ich ein halbes Dutzend Äste nacheinander an eine bestimmte Stelle binde, um herauszufinden, welcher Ast sich am besten für diese eine bestimmte Stelle eignet. Ist der Entschluß gefallen, wird alles zusammengenagelt, und wenn die Einzelteile fest miteinander verbunden sind, entferne ich die Schnüre.

Das Sammeln des Rohmaterials am Anfang ist mir ein großes Vergnügen. Ich bin der Meinung, daß sich nur in einem felsigen Gebiet wie dem Ufer von Lake George (im Norden des Staates New York) so perfektes Material finden läßt. Die Wurzeln, der Stamm und auch die Äste müssen sich in ihrem Kampf ums Überleben in alle Richtungen drehen und wenden, und dadurch entsteht eine Vielfalt von Verwindungen, die in einer ebenen Gegend mit steinloser Erde niemals zustande käme.

Es gibt zwei Arten von wuchernden Reben hier, die reichlich wachsen und sehr geeignet sind: die wilde Traube und die bittersüsse. Äste der letzteren Art habe ich manchmal sogar mit einem Durchmesser von 10 bis 12 cm gefunden. Abgesehen davon, daß die Äste schon von Natur aus sehr viele Windungen haben, können sie frischgeschnitten beinahe in jede Form gebogen und auch miteinander verflochten werden.

Die Rinde der weißen Birke und der Tanne verwende ich oft zur Zierde, ebenso wie die Knoten oder Warzen, die an Kastanien wachsen. Die Bäume hier sind so kräftig, daß ich alle möglichen Hölzer benutze, so lange sie schön gewunden sind. Die Verwindungen sind so phantastisch vielfältig, daß mit nur wenig Mühe beinahe jede Form zu finden ist.

Die Sitzflächen der Gartensofas sind aus Ahornstämmchen hergestellt, die alle ungefähr die gleiche Größe haben und sehr gerade gewachsen sind. Die Tischplatte und die Sitzfläche des Sofas auf der Veranda habe ich aus Brettern gefertigt und mit Weiden-,

Erlen- und Ahornästchen belegt. Ich habe sie kunstvoll zu Mustern zusammengefügt, gerade so, wie es mir gefiel. Als Nägel verwende ich möglichst nur Drahtstifte. Dickere Heftnägel oder geschmiedete Nägel eignen sich nicht wegen ihrer Köpfe, die im Weg sind; außerdem führen sie leicht dazu, daß das Material splittert.

Als Sitzgelegenheiten in meinen Sommerlauben nutze ich entweder große, flache Steine oder rechteckig behauene Holzstämme, außerdem gibt es Bänke aus Ahornstämmchen und Stühle aus Ästen und Stammholz. Einen der malerischsten Stühle habe ich aus den krummen, knorrigen Ästen eines ganz alten Apfelbaumes hergestellt."

In einem anderen Zeitschriftenartikel, der 1909 von einem gewissen *David S. George* geschrieben wurde, wird von den ästhetischen Überlegungen beim Bau von Objekten aus Wildholz berichtet. Die Beobachtungen des Verfassers sind heute noch ebenso zutreffend wie damals:

„Meiner Vorstellung entspricht ein künstlerisches Wildholzmöbel dann, wenn es so konstruiert ist, daß es wie aus der Erde gewachsen zu sein scheint; jedes Stück Holz an ihm besitzt Anfang und Ende und stellt etwas dar. Es sollten keine nutzlosen Teile eingebaut werden, nur, damit eine bestimmte Stelle ausgefüllt ist. Die formbestimmenden Teile des Möbelstückes müssen aus den dicksten Ästen bestehen und die nachrangig wichtigen aus dünneren Ästen. Diese soll-

1.74 und 1.75 .... Sammeln und sägen

1.76
Sessel mit Sitzfläche aus gespaltenen Ästen: Thomas Phillips, New York

ten so angeordnet werden, daß sie zumindest scheinbar aus den dickeren herauswachsen.

Der Bau eines Stuhls oder einer Bank erfordert nicht wenig Geduld und sorgfältiges Überlegen, wenn Sitz und Lehne nicht nur stabil, sondern auch bequem sein sollen. Abgesehen von der ganz allgemein gewünschten Form kann wenig im voraus geplant werden. Ein Stuhl muß wachsen können, seine Einzelteile müssen bestimmten Anforderungen genügen, sie werden entsprechend dem Fortschritt der Arbeit ausgewählt. Oft drängt sich ein Ast geradezu auf für einen bestimmten Teil des Stuhles, sei es als Bein oder als Armlehne. Manchmal kann man auch zwei ähnliche Stücke finden, etwa für Armlehnen, so daß eine ästhetische Ausgewogenheit ohne perfekte Symmetrie entsteht.

Die Hauptverbindungen werden mit einer Handbohrwinde hergestellt, indem man das Ende eines Astes passend für die Bohrung im nächsten schneidet und dann zusammennagelt. Manchmal muß ein Stück auch bearbeitet werden, um es der Form des anderen anzupassen und um eine kraftschlüssige Verbindung herstellen zu können.

Eine Stichsäge kann zum Anpassen der Äste aneinander sehr nützlich sein, während ein Holzbohrer unverzichtbar ist, um die Nagellöcher vorzubohren. Ich benutze fast ausschließlich Stauchkopfnägel, die ich vorher in Öl tauche, ehe ich sie mit einem leichten Hammer einschlage, damit sie sich nicht verbiegen. Die Nägel sollten so versenkt werden, daß man sie nicht mehr sieht. Wenn alle Aststücke, die sich kreuzen, durch Nägel fest miteinander verbunden sind, erhält der Stuhl eine große Stabilität.

Im allgemeinen sollte ein Stuhl immer nur drei Beine haben, zum einen wegen der Schwierigkeit, vier Beine gleich lang herzustellen, zum anderen aber auch, weil Wildholzmöbel meist auf dem unebenen Erdreich stehen, wo dreibeinige Stühle sowieso ein besseres Standvermögen haben als vierbeinige.

Eine besondere Eigenschaft dieser Art von Möbeln ist, daß jeder Stuhl und Tisch ein Einzelstück darstellt. Es ist praktisch unmöglich, zwei exakt gleiche Stücke zu bauen.“

Soweit die Ausführungen des anonymen Autors in einem Buch von 1883.

Ungefähr um diese Zeit – zwischen 1880 und dem Ende der Zwanziger Jahre – gab es einen Wildholzboom. Die rustikalen Objekte im *New Yorker Central Park* und im *Prospect Park* in Brooklyn hatten den Trend eingeleitet. Große Ferienhäuser in den Adirondacks wurden in üppig dimensioniertem rustikalen Stil gebaut und eingerichtet. Dort, wie auch in den *Great Smoky Mountains*, den *Shenandoahs*, *Catskills* und den *Rocky Mountains*, entstanden Hotels und Ferienhäuser als attraktive exotische Zufluchtsstätten, in denen sich das erschöpfte Stadtvolk in Schaukelstühlen aus Wildholz erholen und an Wildholztischen speisen konnte.

Die Beliebtheit der Sommerresidenzen und anderer Einrichtungen für den privaten Rückzug brachten den Einheimischen, die in den abgelegenen Gegenden sonst kaum Geld verdienen konnten, neue Erwerbsmöglichkeiten. *Craig Gilborn*, der Direktor des *Adirondack-Museums* in *Blue Mountain Lake* im Staat New York, stellte über die damaligen Wildholzbauer ausgedehnte Nachforschungen an, darunter auch über *Ernest Stowe*, den „Meister der Baumrinden”:

“Die Wälder und Seen der Adirondack Mountains prägten eine Lebensart, die von Holzfällen und körperlicher Betätigung im Freien bestimmt war. Im späten 19. und frühen 20. Jahrhundert lagen die Verdienstmöglichkeiten für einen Mann gewöhnlich im Holzfällen. Außerdem konnte er kleine Gruppen von Städtern führen und betreuen, Städter, die darauf aus waren, die Wildnis zu kosten – und auch die Forellen und das Wild, das sie dort fanden.

Zimmermanns- und Schreinerarbeit waren eine andere Einnahmequelle, wobei der Bau von Ferienhotels oder Sommerresidenzen ebenso wie das Holzfällen oft die wochenlange Abwesenheit von der Familie mit sich brachte. Eine besondere Art der Schreinerei, der Wildholzbau, bot sich als Nebenbeschäftigung für Einheimische an, die ein Talent dafür hatten, ein Stück Holz, an dem noch der Baum erkennbar war, zur Verschönerung eines Raumes einzusetzen. Einige dieser Wildholzbauer spezialisierten sich auf den Bau von Möbeln, zuweilen nicht nur wegen der Möglichkeit, Geld zu verdienen, sondern auch, um sich zu beschäftigen.

Das Wenige, was über den Wildholzwerker *Ernest Stowe* bekannt ist, stammt von *Clarence* und dem verstorbenen *William Petty*, die Stowe seit ihrer Kindheit kannten. Clarence Petty erinnert sich an den Junggesellen Stowe als einen zurückhaltenden Mann, dessen Mund immer zu einem Lächeln bereit war. Er glaubt, daß Stowe von Colton in New York kam, ungefähr hundert Kilometer nördlich von dort, wo er sich am Oberen Saranac Lake niederließ.

Stowe schloß sich den Kunsthandwerkern und Arbeitern an, die damit beschäftigt waren, die großen Sommersitze der reichen New Yorker Familien zu bauen, als diese die Freuden des Landlebens in den Adirondacks entdeckten. Zusätzlich baute er noch Möbelstücke in der kleinen Hütte, die ihm gehörte, aber auf dem Gelände der *Rustic Lodge* stand, einem Hotel mit Blick auf den Oberen Saranac Lake.

Vor allem während der langen Wintermonate war er dort, fleißig wie ein Biber, mit dem Bauen von Möbeln beschäftigt, die er in leeren Hotelgebäuden und in einer nahe gelegenen Scheune unterstellte. Sein unermüdlicher Fleiß war sicher die Ursache dafür, daß Stowe sehr viel mehr Möbel als die meisten anderen Wildholzbauer in den Adirondacks herstellte. Ich weiß von etwa fünfzig bis sechzig Möbelstücken, die Stowe zugeordnet werden können, darunter auch drei Garnituren Eßzimmerstühle.

Wie bei den Objekten anderer Wildholzwerker, die ich gesehen habe, verwendete auch Stowe Nägel und nicht die handwerklichen Verbindungen der Schreiner. Meiner Meinung nach verkleidete er seine Stücke auf einzigartige Weise: Er legte die weiße Birkenrinde immer flach aus, mit geraden und nur aus der Nähe erkennbaren Stößen, während er die Äste aus gelber Birke der Länge nach halbierte, ihre Enden mit dem Messer zuschnitzte und sie dann wie Soldaten zum Appell aufreihte. Stowes größter Verdienst scheint mir aber darin zu liegen, daß es ihm gelang, moderne Möbelformen mit Wildholz zu verbinden."

Vor noch nicht allzulanger Zeit wurde auch die Geschichte eines anderen leidenschaftlichen Hobby-Möbelbauers bekannt. *Clarence Nichols* war weder Holzfäller noch Jäger oder Schreiner, sondern vielmehr ein Bäcker in New York City. Als 1922 der Zucker rationiert wurde, mußte Nichols sein Geschäft aufgeben und zog mit seiner Familie in den Norden des Staates New York, wo ihn weitere Schicksalsschläge zum Bau von Wildholzmöbeln führten. Im Jahr 1988 wurden 32 seiner einzigartigen und beeindruckend schönen Möbelstücke in Albany im New York State Museum ausgestellt, das im Besitz dieser Sammlung ist. Im Ausstellungs-Katalog steht über Nichols:

„Die Not zwang Clarence Nichols dazu, nicht nur praktisch, sondern gleichermaßen auch kreativ zu sein. Als das Farmhaus seiner Familie mitsamt dem ganzen Mobiliar darin verbrannte, stellte sich heraus, daß er seine Versicherung nicht verlängert hatte und der Familie somit nichts von dem Verlust erstattet wurde.

So kam es, daß Nichols das erste von zwei Häusern baute, bei denen Pfosten, Balken und Verkleidungen aus Zedernholz bestanden. Nur die Rinde schälte er ab und ließ den Stämmen ihre krumme Form mitsamt den Aststümpfen. Ein gewaltiger offener Kamin aus Granit beherrschte das Wohnzimmer, das ansonsten eng und klein war. Dieses Haus wurde 1926 fertiggestellt und ein zweites Haus, etwas größer, aber mit ähnlicher Ausstattung und einem Kamin aus Stein, wurde etwa 1930 in der Nähe gebaut. Die Familie Nichols zog in dieses Haus und vermietete das erste.

Die Jahre der Wirtschaftskrise waren für die Familie sehr schwierig. Nichols verdiente mit seiner Schreinerarbeit etwas Geld und seine Frau pendelte zwischen ihrer neuen Heimat und New York City, wo sie für einen Raumausstatter Lampenschirme entwarf. Zusätzliches Einkommen stammte aus der Vermietung des benachbarten Hauses.

1.77 (linke Seite)
Gartenhaus:
David Robinson,
New York

1.78
Eßtisch mit 6 Stühlen: Clarence Nichols, New York, 1933-1947

Da er Möbel für sein Haus benötigte, verfiel Nichols auf Rotzedern als Baumaterial, denn sie wuchsen ganz in der Nähe. Seine Tochter sagte, daß er sich schon immer von Zedern angezogen gefühlt hatte, wenn er Feuerholz suchte und bemerkte, wie schön das Holz aussah. Er begann, Möbel aus Zedernholz zu bauen und entwickelte mit der Zeit eine eigene Technik.

Sein Erfolg lag im Vorgehen: Den Stamm und die Äste von Zedern nahm er für Beine, Tischplatten und Streben. Er entdeckte, daß nicht die frischgeschlagene Zeder schön aussah, sondern das tote Holz, das im Wald einfach zu finden war, Holz, das langsam gealtert war und eine enge, reiche Maserung oder Zeichnung besaß. Dieses Holz hatte eine weinrote Farbe und eine seidige Patina (aus Zedernholz wurden übrigens noch bis vor etwa zwei Generationen die Aussteuer-Truhen gefertigt).

Nichols merkte bald, daß er Möbelstücke bauen konnte, auf denen sich nicht nur bequem sitzen ließ. Sie waren auch schön anzusehen, weil er die Aststücke der Länge nach in der Mitte spaltete und die so erhaltenen Hälften spiegelbildlich nebeneinander montierte. Diese Stücke verband er mit langen Schrauben, die hinten mit einer Unterlegscheibe und einer Mutter befestigt waren. Seine Möbelstücke waren und sind bis heute sehr stabil.

Nach dem Abschälen der Rinde zog Nichols die Kambiumschicht, die sich direkt unter der Rinde befindet, mit der Kante einer Glasscherbe ab und schliff anschließend die Oberfläche völlig glatt. Dann lackierte und schmirgelte er die Oberfläche so lange, bis das Holz zur Freude von Auge und Hand geradezu zu leuchten und glühen begann.

Nichols war ständig auf der Jagd nach Zedern mit interessanten Formen und Ästen. Allerdings war es schwierig, ähnlich geformte Äste zu finden, da sich keine zwei Bäume glichen. Er brauchte vierzehn Jahre, um das Material für die Lehnen der Eßzimmerstühle (siehe nebenstehend Abbildung) aufzutreiben!

Sein erstes Möbelstück, einen Schaukelstuhl, stellte er 1926 fertig. Er ließ nicht davon ab, Möbel aus Zedernholz zu bauen und zu reparieren und kleine Gebrauchsgegenstände aus diesem Holz herzustellen, bis er im Oktober 1959 starb.

Die Möbel von Nichols zeigen, wie die Natur auf harmonische Weise für menschliche Bedürfnisse genutzt werden kann und dies auf zwei Ebenen gleichzeitig, auf der künstlerischen und der ganz praktischen.

Nicht alle Wildholzbauer stammen aus dem Nordosten. Als die Eisenbahn weiter in den Westen vordrang, brachte sie neue Siedler in das Grenzgebiet, mit wenig Hab und Gut und mit noch weniger Möbeln. So entstand ein für den Westen der USA typischer Wildholz-Stil, geprägt durch reine Notwendigkeit und die Einflüsse, denen die Siedler in ihrer abgeschiedenen neuen Heimat ausgesetzt waren. Das Buffalo Bill Historic Center in Cody, Wyoming, organisierte 1989 eine Ausstellung zu Ehren von *Thomas Molesworth*, dem wohl kreativsten Wildholz-Möbelbauer des Westens. Im Ausstellungskatalog heißt es dazu:

"Ein unverwechselbarer westlicher Einrichtungsstil entwickelte sich unter anderem deshalb langsam, weil die meisten Siedler im westlichen Grenzgebiet darauf hofften, den gleichen Komfort, den sie zurückgelassen hatten, wieder erschaffen zu können. Um die Jahrhundertwende war es üblich, Ranchhäuser in Wyoming mit Eichenmöbeln im Missionsstil einzurichten.Die Möbel waren stabil und modern und in den Versandhauskatalogen von *Montgomery Ward* oder *Sears and Roebuck* aufgeführt.

In vielen Häusern standen ein oder zwei Stühle, in die als Besonderheit Geweihe mit eingearbeitet waren. Verandas und Jagdhütten wurden mit Möbeln aus Ästen oder naturbelassenem Fichtenrundholz ausgestattet, die vor Ort hergestellt waren . Für die Entwicklung einer eigenen Stilrichtung fehlte allerdings noch ein Katalysator, der dann in der Gestalt von *Thomas Canada Molesworth* auftrat.

1.79
Stühle:
Daniel Mack, New York

Molesworth war Möbelhersteller in Cody, Wyoming, als ihn 1933 der Großverleger Moses Annenberg aus Pennsylvania beauftragte, den großen Landsitz einzurichten, den Annenberg für sich dort in einer abgelegenen Gegend bauen ließ. Indem er Molesworth beauftragte, folgte Annenberg dem Beispiel der reichen Geschäftsleute aus New York, die um 1870 damit angefangen hatten, Häuser und Jagdhütten in den Adirondack Mountains zu errichten. Um ihre Abkehr von der Stadt noch zu betonen, richteten sie ihre Zufluchtsstätten gern mit den ländlichen Kreationen der einheimischen Handwerker ein.

In der Gegend um Cody war, wie auch Molesworth wußte, der ursprüngliche rustikale Adirondack-Stil noch verwurzelt. Ein beeindruckendes Architekturbeispiel aus dieser Region war (und ist) das *Pahaska Tepee,* ein rustikales, aber dennoch elegantes Haus aus Baumstämmen in der Nähe des Osteingangs zum Yellowstone Nationalpark. Das 1905 fertiggestellte Pahaska Tepee war für Buffalo Bill Cody von A. A. Anderson entworfen worden, einem klassisch ausgebildeten Künstler und Abkömmling einer reichen Familie aus New York. Anderson war von den großen Jagdhäusern inspiriert, die er aus dem Norden des Staates New York kannte.

Als Reaktion auf Annenbergs „Ranch A" verband Molesworth auf neue und geschickte Art mehrere traditionelle westliche Elemente mit Wildholz. Er baute Stühle und Sofas mit massiven Stollenrahmen und auffallenden Fichtenknollen sowie ledernen Kissen, die mit modernen Stoffen eingefaßt waren. In einer Art „westlicher Gotik" schuf er ein Eßzimmer mit geschnitzten, hochlehnigen Stühlen und einen Tisch für 20 Personen, alle mit Leder bezogen, sorgfältig gefertigt und weiß gefärbt. Er schnitzte Betten mit stehenden Tierfiguren, fertigte Beistelltischchen aus Ästen an und entwarf mit Perlen eingefaßte Vorhänge aus heller Pferdehaut.

Entwurf und Herstellung waren schwerfällig und sogar grob, verglichen mit dem später erreichten kunsthandwerklichen Niveau von Molesworth. Doch ein eigenständiger Stil war geboren. Indem er Stilelemente aus dem Südwesten, aus den Bergen und den

Ebenen erfolgreich miteinander verknüpfte, ließ er die regional geprägte Gestaltung hinter sich, in der die meisten Holzhandwerker ihre Möbel erstellten.

Der Auftrag von Annenberg bildete den Anfang seiner Karriere als Designer und Möbelhersteller. Schon bald waren seine Stücke nicht nur für große Gäste- und Ferienpensionen gefragt, sondern auch für die Eingangshallen von Hotels, darunter so berühmte wie das *Stockmen's Hotel* in Elko, Nevada, das Hotel *Wort* in Jackson, Wyoming, das *Northern Hotel* in Billings und das *Plains Hotel* in Cheyenne. Eine Zeitlang wurden seine Möbel weltweit an reiche Sportsleute verkauft.

Die Schöpfungen von Molesworth inspirierten viele Nachahmer. Seine eigenen Stücke verschwinden nun allmählich aus der Öffentlichkeit, gelangen aus den Hotels und Ferienhäusern, die er ausstattete, in die Häuser von Sammlern, die ihn würdigen. Stabil und aus besten Materialien gebaut, überdauern sie Generationen.

Ebenso wie Wildholzmöbel als Sinnbild für Land und Natur stehen, verkörpert die Arbeit von Molesworth ein Stück westliche Mentalität. Was er schuf, ist mehr als die einfache Gratwanderung zwischen städtischer und ländlicher Formgebung und mehr als die Verbindung zwischen einem großbürgerlichen und einem urwüchsigem Einrichtungsstil. Wie die Gemälde der besten Maler des Westens machen seine Möbel und Raumlandschaften es ihren Betrachtern und Nutznießern möglich, einen romantischen Westen zu genießen, ohne daß es peinlich ist."

1.80 Kinderstühle aus Ahorn: Daniel Mack, New York, 1984

Doch auch der Süden hat talentierte Wildholzbauer hervorgebracht. *Barbara Plott*, Besitzerin von *Added Oomph!*, einem Möbelgeschäft in High Point, North Carolina, verkauft seit Mitte der Siebziger Weidenmöbel, die seit drei Generationen von einer Familie in North Carolina hergestellt werden. Sie erzählt:

„1973 habe ich Odell zum ersten Mal getroffen. Ich entdeckte an einer Tankstelle Möbelstücke aus Weidenruten, die ich interessant fand. Man schickte mich die Straße hinunter und dort traf ich Odell. Er war ungefähr 70 Jahre alt, trank ein wenig und baute Weidenmöbel noch immer auf die gleiche Art, wie er sie in der Zeit der Wirtschaftskrise gebaut hatte.

Seine Geschichte werde ich nie vergessen. Als er in den Dreißiger Jahren kein Geld hatte, zeigte ihm eine Frau ein Bild von einem Stuhl aus Ästen und fragte ihn, ob er so einen ähnlichen machen könne. Er sammelte Sumpfweidenruten und baute, wie er sagte, den komischsten Stuhl, den er je gesehen hatte. Er erhielt fünf Dollar für ihn und hatte damit eine Verdienstmöglichkeit entdeckt, die ihn und seine Familie über viele Jahre hinweg ernähren konnte.

Mit diesen ersten fünf Dollar und einigem anderen Geld kaufte er einen Wagen, spannte sein Pferd davor und begann im Umkreis von 80 km Weidenmöbel zu verkaufen. Bald verdiente er so viel, daß er von dem Geld einen Lastwagen anschaffen konnte. Er stellte drei Leute ein, die mit ihm arbeiteten. Sogar für Hollywood produzierte er. Gelegentlich habe ich Odell's Stücke auf den Veranden von Blockhäusern gesehen, die spätabends in Filmen aus den dreißiger und vierziger Jahren gezeigt wurden.

Irgendwann gegen Ende der Vierziger ließ das Interesse an seiner Arbeit nach, und Odell fing wieder an, Möbel für Freunde und Nachbarn zu bauen. Als ich die Familie kennenlernte, arbeiteten sein Sohn Frank und zwei seiner Enkel mit ihm (Seite 83). Ihnen war wichtig, den Bau von Möbeln aus Weidenholz als Tradition in der Familie zu erhalten. Auch wenn sein Sohn inzwischen nun vor dem Haus Autokarosserien richtet und der Bau von Weidenmöbel eher in den Hintergrund gerückt ist, glauben sie dennoch, daß Geschäftsideen kommen und gehen, aber mit dem Bau von Weidenmöbeln immer Geld zu verdienen ist, auch in den schlechtesten Zeiten.

Die Möbel werden stets auf die gleiche Art hergestellt. Die Familie sammelt die Weidenruten in den Sümpfen von Virginia, im Süden sogar bis Georgia. Beim Sammeln schlagen sie mit den Ruten auf den Boden, um die Schlangen abzuhalten. Sie schneiden von den jungen Weidenbäumchen schlanke Äste, die man biegen kann und stärkere für die Rahmen. Dampf oder elektrische Werkzeuge haben sie noch nie benutzt. Die frischen Ruten werden in zwei, drei Tagen gebogen, wobei Hammer und Säge die einzigen Werkzeuge sind. Odell hatte die Schule zwar nur bis zur zweiten Klasse besucht, doch besaß er einen angeborenen Sinn für Ästhetik und hatte viel handwerkliches Geschick.

Meine Firma *Added Oomph!* begann mit dem Verkauf von Weidenmöbeln um 1975. Zu dieser Zeit baute Odell zwei Arten von Stühlen und Bänken. Die eine Bauart war eher traditionell, bei der anderen bestand die Rückenlehne aus Ruten, die in Fächerform angeordnet waren. Außerdem stellte er Kaffee- und Beistelltischchen in beliebiger Größe her. Ich erweiterte das Möbelprogramm um ein Bett, eine Chaiselongue, einen Eßtisch und um noch einiges mehr. Odell, Frank und ich tüftelten gemeinsam an den Formen und Proportionen, oft im Garten oder unterwegs auf dem Rücken einer Einkaufstüte. Dabei hielten wir uns immer dicht an die ursprüngliche Formgebung.

Odell starb vor einigen Jahren, aber sein Sohn Frank und Franks Söhne stellen weiterhin diese wundervollen Möbel her.“

Nun kommen wir zur zweiten Hälfte des 20. Jahrhunderts, gewiß keine Blütezeit für Wildholzmöbel. Um die Jahrhundertmitte war bei Möbeln naturbelassenes Holz wenig gefragt. Aluminium, Kunststoff und Werkstoffe wie Sperrholz waren die Materialien der Zeit, nicht Holz mit Rinde.

Erst die Generation danach entdeckte Wildholz erneut. Im Banne der gleichen einfachen, natürlichen Anziehungskraft, die 100 Jahre zuvor verschiedene soziale und philosophische Strömungen hervorgebracht hatte, gefiel das natürliche Erscheinungsbild von Wildholzmöbeln den berufsmüden Angestellten, den Naturfreunden und den Anhängern der wachsenden Bewegung von Stadtflüchtern.

Wildholzmöbel vermittelten Romantik, den Eindruck der Selbstgenügsamkeit. Sie boten ein in ihrer Einfachheit kompromißloses Erscheinungsbild mit dem Flair natürlicher Schöpfungskraft, was später mit *low tech, high touch* (wenig Technologie, viel Gefühl) umschrieben wurde. Die anmutige Einfachheit eines Wildholzstuhls war geschaffen für Leute, die sich der Meditation, der ruhigen Achtsamkeit und den östlichen Philosophien verschrieben hatten. Das wachsende Interesse stieg auch dadurch, daß Möbel im Landhausstil modern wurden und schließ-

1.81 Eßtisch mit Untergestell aus Zedernwurzel: Barry Gregson, New York

lich Räume, die eine Art hintergründiger Geistigkeit austrahlten.

Heute werden Wildholzwerker als Volkskünstler betrachtet, als neue Wilde und Aussenseiter. Doch Bäume bleiben Bäume und die heutige Formgebung spiegelt auch jene der vergangenen Zeiten wieder. So wie Menschen Menschen bleiben, gleichen sich auch die Lebensläufe derer, die durch den Umgang mit Wildholz beeinflußt und verzaubert wurden, sei es gestern oder heute.

Greg Adams ist einer der vielen Wildholzwerker von heute, die in den Wäldern eine neue, schöpferische Betätigung gefunden haben. Er erzählt:

„Seit meiner frühesten Kindheit hielt ich mich immer in der Nähe von Bauholz auf. Sägemehl geht wirklich ins Blut, wie ein altes Sprichwort sagt. Der Geruch von Sägemehl und Lack und der Klang von Säge und Hammer versetzen mich noch immer sofort in meine frühe Kindheit zurück.

Ich weiß noch, wie ich mir aus dem Abfallbehälter des Sägewerks Abfallstücke herausgefischt und zusammengenagelt habe, wenn ich samstags nach der Schule zur Sägerei meines Großvaters ging. Ich baute Schiffe und Flugzeuge. Das Nageln habe ich mit fünf oder sechs Jahren gelernt, aber ein guter Schreiner bin ich trotzdem nicht geworden. Schon nach den ersten sechs Wochen Werkunterricht war meine Leistung ungenügend, das war die einzige Sechs in der Schule, die ich je bekommen habe. Die Vorstellung, etwas aus zugesägtem Schnittholz bauen zu müssen, hat mich immer irgendwie beunruhigt.

Eines Tages, viele Jahre später, saß ich am Ufer des Wabash River beim Angeln und begann, mit den kleinen Weidenruten herumzuspielen, die neben mir wuchsen. Die Fische bissen nicht, und ich fühlte mich von der Farbe, der Biegsamkeit und Oberfläche der Weiden angezogen. Ich hatte eine Handschere dabei und schnitt mir einen Haufen Weidenruten ab, die ich mit nach Hause nahm. Dann fing ich einfach an, etwas damit zu tun, und versuchte, einen Korb zu flechten. Bald merkte ich, daß es viel Zeit verschlingen würde, wollte ich selbst herausfinden, welche Flechttechniken brauchbar sind und welche nicht. Deshalb ging ich zur örtlichen Bibliothek und besorgte mir einige Bücher über das Korbflechten.

Danach konnte ich gar nicht mehr aufhören. Drei Jahre lang habe ich Körbe geflochten und begann, sie auf Märkten in der Gegend auszustellen und zu verkaufen. Auf einem dieser Kunsthandwerkermärkte begegnete ich einem Mann, der Weidenmöbel herstellte. Ich war tief beeindruckt. Er erzählte mir, daß er mit dem Weidengeschäft aufhören mußte, weil er Probleme mit dem Materialnachschub hatte. Ich wußte aber, wo ein üppiger Vorrat größerer und geeigneter Weiden wuchs, und beschloß, es zu versuchen – trotz meiner Angst vor der Schreinerei. Mein erstes Stück, 1984 gebaut, gibt es immer noch. Obwohl der Stuhl eine ziemlich wackelige Angelegenheit wurde, mit schlechten Proportionen und voller Fehler, überzeugte er mich dennoch, daß ich Möbel aus Wildholz bauen konnte.

Fünf Jahre später, nach etwa 100 Messen, Kunsthandwerkermärkten, Kunstausstellungen und Festivals, werde ich immer besser und lerne jeden Tag etwas Neues dazu.

Die Möbel, die ich baue, entsprechen meinem Charakter. Das Ungefähre und Unsymmetrische kommt meiner Art entgegen. Ich nagele die Stücke zusammen und schneide dann das Überflüssige weg. Manchmal betrachte ich zwar ein bißchen neidisch die Verbindungstechniken anderer Wildholzbauer, aber die liegen mir einfach nicht, sie würden irgendwie nicht zu mir passen. An meiner Beschäftigung fasziniert mich am meisten, daß ich mich bei meinen Möbeln überhaupt nicht um Gleichmäßigkeit oder Präzision bemühe. Natürlich versuche ich, meine Stücke stabil, eben und bequem zu machen, aber mein Weg, dies zu erreichen, ist eben anders. Ich strebe nach Ausgewogenheit, nicht nach Regelmäßigkeit.

Der Bau von Wildholzmöbeln ist für mich ein klar umrissener und faßbarer Ausgleich zu meiner gestaltlosen und schwer greifbaren Tätigkeit als Sozialarbeiter für mißbrauchte und vernachlässigte Kinder und ihre Familien. Meine Arbeit ist verbunden mit einer Dauerberieselung aus Feindseligkeit, Frustration und Bedeutungslosigkeit. Aber jedesmal, wenn ich letzte Hand an meinen neuesten Stuhl, Tisch oder irgendein Gestell lege, habe ich dabei immer noch das Gefühl, etwas Faßbares in diese Welt gebracht zu haben. Dies schafft für mich eine ausgleichende Kraft in meinem Leben. Ich glaube nicht, daß ich meinen Job sonst so lange hätte machen können.“

1.82
Stuhl, Bugholz:
Greg Adams, Indiana

Die Auseinandersetzung mit Wildholzmöbeln kann unfaßbar und tiefgründig sein und im Unbewußten hängenbleiben und Einfluß ausüben, lange nachdem die Details aus der Erinnerung verschwunden sind. Der Photograph, Bildhauer und Schmied *Bobby Hansson* baut seit vielen Jahren Wildholzmöbel im „Neo-Wikinger“-Stil. Während der Fotoaufnahmen für dieses Buch entdeckte Hansson, daß sein Möbelstil, abgesehen von einer romantischen Verbindung zu seinen seefahrenden Vorfahren noch auf eine andere, tiefere Quelle der Inspiration hinwies, die ihm zuvor aber nicht bewußt war. Bobby Hansson erzählt:

1.83 bis 1.88 (rechte Seite) Charles Worden's Stuhl, 1915 gebaut, der bei dem jungen Bobby Hansson einen bleibenden Eindruck hinterließ

„Als mir meine Schwiegermutter das Buch *Adirondack Furniture* von Craig Gilborn zu Weihnachten schenkte, war ich so davon angetan, daß ich zustimmte, es für das *American Craft Magazin* zu rezensieren. Meine Rezension fing mit dieser wahren Geschichte an:

‚Wie wenn man in einem Baum sitzt', dachte der Junge und ließ seine Beine von dem rindenbedeckten Thron baumeln. Er befühlte die Armstütze aus knorrigen Wurzeln mit der Hand. Der Stuhl war sauber zugeschnitten, dick lackiert und glatter als Glas. ‚Wie wenn man in einem Baum sitzt ... aber besser'. Er war aus gelber Birke hergestellt, hoch, ausladend und sehr stabil. Selbst Paul Bunyan hätte keinen besseren Stuhl haben können. Er hatte knotige Teile, astige Stücke und Abschnitte, die sich wunderbar zum Klettern eigneten. Der Stuhl befand sich im Ferienhaus der Familie Worden in den Adirondacks. Es war 1943. Ich hatte nie zuvor in so etwas Wunderbarem gesessen.

1990, zwei Jahre nachdem ich das geschrieben hatte, fuhren *Dan Mack* und ich durch die Adirondacks auf dem Weg nach Lake Placid, als ich einen Wegweiser zum Schroon Lake entdeckte, dort, wo auch das Ferienhaus war. Ich erzählte Dan die Geschichte von dem Stuhl, und wir beschlossen, zu versuchen, ihn zu finden.

Also rief ich bei Winifred Sherburne an, der Nichte von Frank Worden, und mußte zu meinem Bedauern hören, daß es Pine Point, das Ferienhaus mit dem Stuhl, wie so viele der alten Häuser nicht mehr gab. Es war an Fremde verkauft, abgerissen und durch ein modernes Haus ersetzt worden.

„Es gab da einen Wildholzstuhl," sagte ich zu ihr, „erinnern Sie sich?"

„Oh ja", antwortete sie. „Charles Worden hat ihn gemacht, als er 1915 das Haus baute. Wir haben ihn noch. Er ist im Bootshaus." Nach einer Pause fügte sie hinzu: „Wollen Sie vorbeikommen und sich ihn ansehen?"

Eine Stunde später führte sie Dan und mich zwischen Bäumen entlang über moosbedeckte Felsen an den Rand des Sees und zum Bootshaus. Sie wischte die Spinnweben zur Seite und schloß die Türe auf, und wir stiegen die engen Stufen hinab. Dort in der Dunkelheit fanden wir den Stuhl.

Wir brachten ihn hinauf ans Tageslicht. Es war ein wenig so, wie wenn man nach vierzig Jahren seine erste Freundin wieder trifft. Ich stand da und starrte, versunken in einem Strudel voller Erinnerungen. Dann bemerkte ich, daß Dan, der neben mir stand, zu kichern angefangen hatte und schließlich laut herauslachte.

„Das ist DEIN Stuhl!" sagte er grinsend. „Das ist exakt der Stuhl, den DU immer baust!"

Ich schaute wieder hin. Er hatte recht. Die Ähnlichkeit zu meiner Art, Wildholzstühle zu bauen, war nicht zu leugnen. Die rechte Armlehne war aus einem merkwürdig gegabelten Ast hergestellt, der einen Wurzelknollen am Ende hatte. Vor fünfundsiebzig Jahren hatte Charles Worden diesen seltsamen Ast gefunden und einen Stuhl um

RICH-PAK
IRE

ihn herum gebaut: nicht ganz symmetrisch, jede Verbindung anders geartet und doch gewissermaßen gleich; stabil, aber dennoch so, als ob er sich zu bewegen schien (siehe Seite 61). Dreißig Jahre später entdeckte ich, daß ich, ohne es bemerkt zu haben, alles von diesem einen Stuhl gelernt hatte.

Was sonst noch hatte ich wohl in diesem Sommer damals im Wald in mich aufgenommen? Ich erinnerte mich an „Onkel Frank" Worden und seine Werkstatt im Bootshaus, wo ich sehnsüchtig die große Sammlung von Werkzeugen anstarrte: die rasiermesserscharfen Hobel und Stechbeitel, die großen Zwei-Mann-Sägen, die mörderisch aussehenden zweischneidigen Äxte, die Wendehaken, Bohrer, Raspeln und einen enormen Schraubenschlüssel, mit einem Maul so groß wie das eines Bären.

So wie der Geist des Stuhles blieb auch die Liebe zu alten Werkzeugen an mir hängen. Ich habe viele davon. Einige von ihnen habe ich von meinem Vater geerbt, einige von José de Creeft, der mir das Steinebehauen und Schmieden beibrachte. Andere alte Werkzeuge erstand ich bei Versteigerungen und Räumungsverkäufen. Ich lerne von ihnen allen. Einige zeigen mir, auf was ich achten muß, wenn ich meine eigenen Werkzeuge baue. Aber am wichtigsten ist, daß sie für mich dieVergangenheit wachhalten und mir das Gefühl der Verbundenheit mit diesen Handwerkern geben. Es ist beinahe so, als wenn diese Werkzeuge der schon lange verstorbenen Männern mir die Hand führen, so wie meine Hand die Werkzeuge führt. Manchmal kann ich sogar die Stimme meines Vaters hören: ein bißchen laut, mit einer Spur Ungeduld, sagt er dann „Nicht mit Gewalt. Laß die Säge die Arbeit tun..."

Dan's Stimme weckte mich aus meiner Träumerei . „Wir müssen den Stuhl für das Buch photographieren," sagte er.

Als ich die Kamera einstellte, bemerkte ich, daß etwas anders zu sein schien. Ich erinnerte mich daran, wenn ich als Kind in dem Stuhl saß, wie ich mich eingeschlossen fühlte; umschlungen von seinen großen, hölzernen Armen. Jetzt konnte ich mich kaum noch hineinzwängen (inzwischen bin ich auch vier- oder fünfmal so schwer wie damals). Ich erinnerte mich, wie ich mich damals in dem Stuhl völlig geborgen gefühlt hatte. Jetzt hatte ich Angst, ihn in zwei Teile zu zerbrechen.

„Sind Sie sicher, daß es keinen anderen Stuhl gibt, der so ähnlich wie dieser ist, nur etwas anders?" fragte ich die Sherburnes voller Hoffnung.

„Nein", sagten sie. „Es gibt nur diesen einen".

Ich photographiere nun seit vielen Jahren und verdiene meinen Lebensunterhalt mit dem Festhalten von Bildern – für Filme, fürs Fernsehen, für Zeitschriften und für Bücher. Ich habe Hunderte von Stühlen photographiert. Aber aus irgendeinem Grund plazierte ich ohne nachzudenken den Stuhl zum Photographieren wie ein Anfänger in hohes Gras, wo er sich mit dem Hintergrund verband. Er verschwand dort beinahe.

Es war, wie wenn ich unbewußt verhindern wollte, daß Dan ein Photo dieses Stuhles erhielt. Ich glaube, ich wollte, daß er einen

1.89 (linke Seite) Bobby Hansson in seiner Werkstatt im ländlichen Maryland

Eindruck davon bekommen sollte, wie ich mich beim Sitzen in diesem Stuhl gefühlt hatte, damals, als er noch nicht einmal geboren war. Die Kraft, die einem Objekt zu eigen sein kann, läßt sich nicht in einem Photo zeigen oder mit Worten beschreiben. Deshalb, glaube ich, baue ich Stühle.

Jeder Stuhl, den ich baue, ist ein Unikat. Gemeinsam ist aber allen, daß ich mit jedem auf seine Art versuche, ein klein wenig von jenem Zauber zu erschaffen, den der Worden-Stuhl für mich hatte. Und immer wenn es mir gelingt, eine Spur, wirklich nur eine Spur von diesem Zauber in meine Möbelstücke hineinzubringen, bin ich davon so beseelt, daß ich es weiter versuchen muß.

Da ich nur diesen im Grunde unnachahmlichen Stuhl im Sinn habe, sind für mich wirtschaftliche Aspekte bei der Fertigung und beim Verkauf nicht so sehr wichtig. Ich glaube, daß meine Arbeit eher mit der eines Bildhauers als mit der eines Möbelbauers verglichen werden kann.

Vor fünf Jahren baute ich nur „Neo-Wikinger-Throne", wie ich sie nenne. Diese Stühle waren massiv und grob, als seien sie für irgendeine mythische Rasse nordischer Krieger gebaut. Ich arbeitete nur mit dem Holz an sich, ohne Zeichnungen oder Entwürfe, und benützte ausschließlich altes Werkzeug dazu oder Werkzeug, das ich selbst geschmiedet hatte. Durch diese Selbstbe-

1.90 und 1.91
Stühle aus
Manzanitaholz:
Micki Voisard,
Kalifornien

schränkung kam es mir vor, als könne ich durch die Stühle meine Ideen und Gefühle noch besser zum Ausdruck bringen.

Ich baue seit Jahrzehnten Stühle, aber erst als ich den Worden-Stuhl wieder gesehen hatte, wurde mir klar, in welchem Ausmaß ich versucht hatte, das, was mich damals an diesem Stuhl so fasziniert hatte, auch in meiner Arbeit wieder zum Ausdruck zu bringen. Mit dem Umzug von der Stadt aufs Land änderte sich meine Vorliebe für bestimmte Materialien und brachte mich näher zur Natur. Das Wiederentdecken jenes Stuhles ließ mir zudem meine tieferliegenden Motivationen schärfer in mein Bewußtsein dringen.

Ich liebte diesen Stuhl. Ich mochte, wie ich mich darin fühlte: sorglos, mächtig und sicher. Dieses Gefühl versuche ich einzufangen, wenn ich heute etwas baue, es hat für mich etwas Monumentales. Ich möchte, daß meine Stühle jedem, der darauf sitzt, Macht und Schutz zugleich verleihen. Der Stuhl soll ein Gefühl vermitteln, wie man es hat, glaube ich, wenn man auf einem Thron sitzt.

Wildholz – eine persönliche und kollektive Geschichte gleichermaßen

Es gibt keine übersichtliche, geradlinige Entwicklung in der Geschichte der Wildholzmöbel. Vielmehr fängt sie bei Hunderten von kleinen, persönlichen Versatzstücken der Erinnerung und Eindrücke an, die in eine größere kollektive Erfahrung einfliessen: Der kühle Schatten eines Baumes an einem heißen Tag; die hypnotisierenden Bewegungen von Blättern und Zweigen; das, wie es scheint, zeitlose Geheimnis, das von zerfurchter Rinde ausgeht; der urtümliche, angenehme und ehrerbietende Geruch verwesender Blätter; das scharfe Knacken beim Brechen toter Zweige; Höhlungen in Bäumen – Unterkünfte für Vögel, Eichhörnchen und Zwerge.

Ich erinnere mich an den Wald hinter dem Haus, in dem ich meine Kindheit verbrachte, ein Wald voller Lärchenbäume, immer grün und mit einem weichen Boden, dick mit Nadeln bedeckt. Unter meinem Lieblingsbaum war, zwischen dem Boden und den untersten Zweigen, ein natürlicher Raum entstanden, ein verborgenes Zimmer sozusagen, mit einem Nadelteppich rings um den großen Stamm. Dort zu sein verschaffte mir ein Gefühl von Angst und Ruhe gleichermaßen. Nicht nur, daß ich unter dem Baum andere Gefühle hatte als anderenorts, auch die Temperatur und die Feuchtigkeit dort unterschieden sich von der Welt um ihn herum.

Dieser Ort – der Wald – war so nahe an meinem Haus und doch eine Welt für sich, fremd und anziehend. Gleich hinter den Lärchen standen einige Erlen, oder vielleicht waren es auch Ahornbäume: Bäume zum Herumklettern oder in denen man Baumhäuser bauen konnte. Aus den jungen, geradegewachsenen Bäumchen ließen sich Pfeil und Bogen basteln. Und dort, in dieser erdigen Heimstatt unter den Lärchen begann meine persönliche und zugleich kollektive Liebe zu Wildholz.

Vierzig Jahre später wiederholen heute meine drei Töchter diese Urerfahrung unter dem Kirschbaum und den Forsythienbüschen hinter der Scheune. Sie verstecken sich unter ihnen, atmen den würzigen Geruch der Erde ein und wandeln ihn um in eine Reihe von Geschichten, über die Herausforderungen und Tragödien, aus denen ihre Vorstellungswelt besteht. Leute, denen Wildholzmöbel gefallen, die selbst welche bauen oder kaufen, stehen mit dieser kollektiven Urerfahrung in Verbindung.

Im Orient gibt es eine eigenständige Tradition des Bauens mit Wildholz, die vielleicht tausend Jahre zurückreicht. Eine der ältesten erhaltenen Abbildungen von Wildholzmöbeln ist die aus dem dreizehnten Jahrhundert stammende Kopie eines Gemäldes aus dem zehnten Jahrhundert. Es stellt einen chinesischen Wissenschaftler dar, der in

***1.92 (linke Seite)* Gartenlaube aus Zedern- und Ahornholz: Daniel Mack, New York**

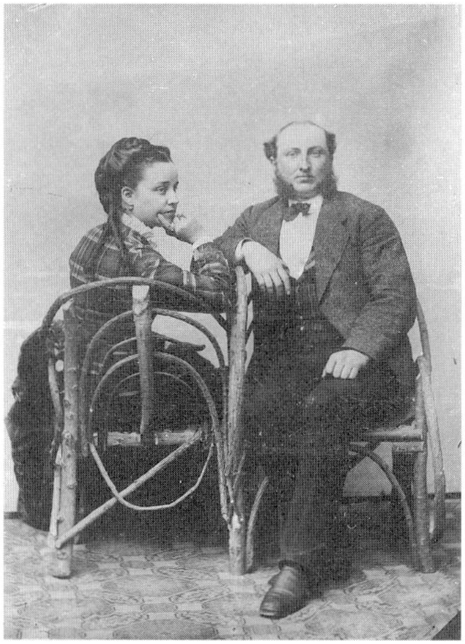

einem knorrigen Stuhl aus Ästen sitzt. Im Westen geht die Tradition mindestens bis in das achtzehnte Jahrhundert zurück und wurde wahrscheinlich von der früheren Gotik beeinflußt. In der Tat kann man den gotischen Spitzbogen als architektonisches Gegenstück zum sich biegenden Zweig eines Baumes betrachten.

Als Reaktion auf die strenge Formensprache des viktorianischen Stils fingen Landschaftsgärtner und Architekten nach und nach an, Elemente aus Wildholz einzuführen, um etwas mehr Lockerheit in die sehr förmlichen, traditionellen Gärten zu bringen. Zum Ausgleich schufen sie Orte, die Unorganisiertes und Geheimnisvolles in die sonst streng festgelegten gärtnerischen Anordnungen brachten. Dazu gehörten Grotten, unterirdische Höhlen und ein zweckfreies Stückchen Land irgendwo in einer Ecke des Gartens, das nur zur Freude und zum Wohlbehagen diente. Dort waren immer Objekte aus Wildholz oder neu gebaute „Ruinen" zu finden, die dem Gartenbesucher ein spontanes Vergnügen bereiteten, wenn er unerwartet auf sie stieß. Ausserdem gab es noch die Unterkünfte der Einsiedler, von denen manche sehr einfach und asketisch aus Wildholz gebaut waren.

Der geistige Anstoß für das Bauen mit Wildholz kam im neunzehnten Jahrhundert von Europa nach Amerika, hauptsächlich durch den Einfluß von Andrew Jackson Downing, damals Amerikas bekanntester Landschaftsgärtner. Für ihn waren Wildholzmöbel die ideale Einrichtung für Räume im Freien. Er selbst verwendete in seinen Landschaftsentwürfen reichlich Astgeflechte, Brücken aus Baumstämmen, Blockhütten und Bänke aus Stämmen. In einer 1841 verfaßten Abhandlung über die Theorie der Landschaftsgestaltung merkte er an: „Es gibt als Ziel für einen längeren Spaziergang in Erholungsgebieten oder im Park kaum ein schöneres oder erfreulicheres Objekt als eine sauber mit Stroh gedeckte Blockhütte mit einem Bänkchen davor zur Erholung und einem weiten Blick über die davorliegende Landschaft."

Downing inspirierte die Architekten *Calvert Vaux* und *Frederick Law Olmstedt*, die viele öffentliche Parks gestalteten, von denen der Central Park in Manhattan und der Prospect Park in Brooklyn am bekanntesten sind. In beiden Parks ist die Formensprache von Wildholz vorherrschend, in jenen Tagen eine absolute Neuheit. Ebenso wie andere Parkbesucher fanden auch die in der Umgebung ansässigen reichen Unternehmer Gefallen und Inspiration an der rustikalen Gestaltung. *William West Durant, J. Pierpont Morgan, Alfred G. Vanderbilt* und viele andere nahmen diese Ideen auf und schufen sich eigene rustikale Welten in ihren großen Sommersitzen in den Adirondack Mountains im Norden des Staates New York. Ja, der „Adirondack-Look" kam aus Europa über New York City in die Berge!

Zur gleichen Zeit hatten die USA noch immer keine Lösung für die negativen Auswirkungen der Industrialisierung gefunden. Die Städte platzten durch den Bevölkerungszuwachs aus den Nähten und es gab ständig neue Probleme in Form von Einwanderern, noch mehr Einwanderern, Maschinen, Vorrichtungen und nutzlose Erfindungen. Die

Seite 68
Ahnen auf Wildholz:
links unten
der Großvater von
Daniel Mack

Rechte Seite: Noch mehr Ahnen auf Wildholz ...

Anziehungskraft des Ländlichen, des Bukolischen gewissermaßen, war groß. Das Ländliche schien wie ein Hort der ruhigen Erholung in einer zwieträchtigen Welt zu sein. Man sprach der Natur und dem Umgang mit ihr heilende Kräfte für Körper und Geist zu. Ferien auf dem Land und sogar Landhäuser an sich wurden als wichtige Bestandteile einer gesunden Lebensführung betrachtet.

Country Life America, eine Zeitschrift, die um die Jahrhundertwende erschien (und heute bemerkenswert modern anmutet), informierte ihre Leser, auf welche Weise die Stadtbewohner den Kontakt mit dem Land aufrecht erhalten konnten. Es gab viele Artikel über Wildholzmöbel und man schrieb sogar über die heilenden Kräfte, die durch die praktische Beschäftigung mit Wildholz geweckt wurden. Die Menschen fingen an, Wildholzmöbel als ihr eigenes kleines Stück Natur zu betrachten. Die Möbel waren für sie eine billige, transportable Erinnerung an einen Urlaub, an einen anderen Ort oder an eine andere Zeit. Und so ist das auch heute noch.

In den Appalachen ansässige Schotten und Iren mit Unternehmersinn begannen, schöne Schaukelstühle und andere Möbel aus Wildholz herzustellen und sie an Urlauber zu verkaufen. Familien auf dem Lande, hauptsächlich im Süden, schnitten auf ihrem Stück Land die Weiden ab und bauten billige Gartenmöbel, die schnell herzustellen waren. Im Mittleren Westen wurden ganze Farmen eingerichtet, die sich auf den Anbau kleiner, geradwüchsiger Hickorybäume spezialisierten, aus denen dann in Serie Wildholzmöbel produziert wurden. Unter dem Namen *Old Hickory Furniture* geschieht das heute noch immer.

Die Eisenbahn drang weiter in den Westen vor und brachte Siedler und Geld aus dem Osten mit. Die Siedler waren gewohnt, Wildholzmöbel mit einem bestimmten sozialen Status zu verbinden. Tatsächlich hatte viel von der „westlichen" Ästhetik ihren Ursprung im Osten. Zu verschiedenen Zeiten stellten die amerikanischen Ureinwohner, darunter der *Mic Mac* Stamm in Maine, die *Onondaga* im westlichen New York und die *Seminolen* in Florida, eine Art Möbel aus Wildholz extra für Touristen her. Im Nordosten wurden gewöhnlich kleine Stücke von Springkraut, Kiefer und Birke zu Souvenirs verarbeitet: Bilderrahmen, Kissen und Kleinmöbel, die man leicht mit in die Städte nehmen konnte.

Um die Jahrhundertwende war es talentierten (und auch untalentierten) Schreinern in den Adirondack Mountains möglich, einen Teil ihres Lebensunterhaltes mit dem Bau eigentümlicher Möbelstücke – Stühle, Tische, Betten, Bänke im Wildholzstil – für die Sommerhäuser der reichen Urlauber zu verdienen, gute zwanzig Jahre lang. Sie verwendeten Bäume, Äste, Wurzeln, Rinde in ihren Entwürfe und bezogen sogar Leder, Hörner, Hufe, Knochen, gegerbte Häute und geschmiedetes Metall als Gestaltungselemente ein.

Durch verschärfte Einkommenssteuergesetze wurde der Verbreitung der großen Sommerhäuser jäh ein Ende gesetzt. Geld war nicht mehr so leicht zu haben wie früher, und die Lust an den großen Sommer-

1.93
„Tanzender Stuhl aus Hickoryholz", Daniel Mack, 1989

Seite 73
Stuhl aus Eiche, Sitz aus Rehleder: Daniel Mack, 1986 (links)

„Kabinettstück": Daniel Mack, 1989 (rechts)

häusern nahm schnell ab. Die harte Wirklichkeit zweier Weltkriege machte es zudem schwerer, den Traum vom „Leben unter den Bäumen" zu verwirklichen. Als Folge nahm der Markt für Wildholzmöbel beinahe 50 Jahre stetig ab. Neu entwickelte Materialien wie Kunststoffe, Aluminium und andere Errungenschaften der Kriegswirtschaft ersetzten Holz (und besonders Wildholz) als Baustoff für Möbel. Elegante „moderne" Einrichtungsstücke herrschten nun im Haus vor, während Möbel aus Wildholz auf der Veranda oder im Garten bleiben mußten.

In den Filmen der Dreißiger Jahren und danach war es üblich, Wildholzobjekte als Symbol für das dumme, arme, altmodische Landvolk einzusetzen. Wer z.B. alte Folgen der Fernsehserie „Lassie" genauer anschaut, wird auf so mancher Veranda Wildholzmöbel wahrnehmen. Wildholzmöbel waren etwas, mit dem man sich behalf, wenn man sich nichts Besseres leisten konnte. Antiquitätenhändler verkauften sie nun zu Spottpreisen. Viele wunderschöne Wildholzsammlungen wurden in den fünfziger und sechziger Jahren von Leuten mit sehr viel Voraussicht und sehr wenig Geld zusammengestellt.

Als die Empörung gegen den Vietnamkrieg und die militärisch-wirtschaftliche Verknüpfung in den sechziger Jahren wieder die Sehnsucht nach Einfachheit und Selbstgenügsamkeit entfachte, wurde Wildholzgebautes aufs Neue entdeckt. Hippies, die Anhänger der Landbewegung, Berufsaussteiger und andere begannen, Bäume und Baumstämme auf neue (und alte) Art zu betrachten. Sie stießen auf die Bücher von *Ernest Thompson Seaton*, auf alte Pfadfinderhandbücher und auf die Heimwerkerzeitschriften aus der Jahrhundertwende und fanden darin Pläne und Anregungen. Als Besucher im Adirondack Museum in Blue Mountain Lake im Staat New York konnten sie Möbel aus Wildholz betrachten, die zu den schönsten der Welt zählen. Sie schauten und träumten, und einige begannen tatsächlich zu bauen.

Zur selben Zeit fingen die Leute an zu kaufen, zu kaufen und zu kaufen. Und bald eroberte das, was noch bis vor kurzem als wacklige, billige, rückständige Möbel betrachtet wurde, erst die Veranda, dann den Flur und schließlich das Wohnzimmer. Innenausstatter und Designzeitschriften, immer gierig nach neuer Rückkehr von Althergebrachtem, „entdeckten" diese Möbel unter den verschiedensten Namen wieder und wieder, und priesen sie als „neue Ureinwohner- und Außenseiterkunst". Und ehe man sich versah, waren Möbel aus Wildholz zu neuen Ehren gekommen!
Und genau da stehen wir heute ... toll!

Doppelliege, Treibholz: Judd Weisberg, New York (oben)

Stühle und Barhocker: Brad Greenwood, Kalifornien (unten)

Seite 75:

Stühle aus Ahorn, Tisch aus Eiche: Damiel Mack, 1988

Stuhl: David Lee Sullenger, Kalifornien (ganz links)

Stuhl und Bank: Michael Emmons, Kalifornien (links und unten)

Seite 76

Stuhl: Michael Armstrong, Connecticut (links)

Schaukelstuhl: Barry Gregson, New York (rechts)

„Harfenstuhl", Manzanitaholz, Kirsche, Weide: Don King, Colorado (ganz links)

„Genesis", verschiedene Hölzer: Don King, Colorado (links)

Bank, Ahorn, Kuhfell: Don King, Colorado (unten)

Seite 78

Bank, Ahorn, geschält: Daniel Mack, 1986

„Quecksilber"-Stuhl, Beerenholz, farbig: Don King, Colorado (ganz links)

Bugholzstuhl, farbig: Barry Schwartz, New York (links oben und unten)

Seite 80

„Kudu"-Stuhl, verschiedene Hölzer, Kuhfell: Don King, Colorado (links)

„Besenstuhl", Ahorn, Weide, Rehfell: Don King, Colorado (rechts)

Sekretär und Stühle: Charles Sumner, 1924-1928

Seite 83

Wildholzwerker: Frank und Henry Odell (links unten)

Bugholztstuhl: Barry Schwartz, New York (rechts)

Kinderhochstuhl mit eingelassenen Murmeln: Daniel Mack (oben und rechts)

Seite 85

Stühle aus gespaltenem Holz: Daniel Mack, New York (rechts oben, ganz rechts)

Bugholzstühle, farbig: Barry Schwartz, New York (rechts unten)

Tische aus Weidenruten:
Clifton Montieth, Michigan

*Stuhl aus gebogenen Weidenruten:
Clifton Montieth, Michigan (links und oben).*

*Bank und Tisch aus gebogenen Weidenruten:
Monte Lindsley, Washington (unten)*

Verandageländer: David Robinson, New York (ganz links)

Bank mit Bogenrücken, Brücke: David Robinson, New York (unten und links)

Seite 90

Eingangstor, Ausable Club, New York

Bank, Birke und Stein: Don King, Colorado (rechts)

Stuhl mit Sitz und Rücken aus Knollenholz: Barry Gregson, New York (ganz rechts)

Tisch, Gestell aus sandgestrahltem Wacholder: Brent McGregor, Oregon (unten)

Seite 93

Tisch aus Wurzelholz: Phillip Clausen, Oregon (links)

Nachttischchen, Treibholz: Judd Weisberg, New York (Mitte)

Beistelltischchen aus Kirsche, Treibholz: Judd Weisberg, New York (rechts)

Kaffeetisch, Treibholz, Glasplatte: Judd Weisberg, New York (unten)

Treibholz-Sessel: Jerry Farrell, New York

Seite 94

Treibholz

Der Bau von Wildholzmöbeln

Wer fähig ist, einen Apfel zu schälen, kann auch Wildholzmöbel bauen. Die Herstellung einfacher Wildholzmöbel erfordert etwa ebensoviel Geschicklichkeit und Körperkraft wie gewöhnliche Tätigkeiten im Haushalt. Man muß schleppen, biegen, verdrehen und pressen. Dann gibt es aber auch noch etwas weniger grobe Tätigkeiten, vergleichbar mit Schälen, Entsteinen, Schneiden und Hacken.

Der Bau von Wildholzmöbeln erfordert fast immer eine Art von Schneiden. Erst müssen die Äste geschnitten werden, nach dem Trocknen können dann Möbelteile daraus gefertigt werden. Für manche Arten muß man Löcher ins Holz bohren und Zapfen schnitzen, die in die Löcher passen.

Für den Bau von Wildholzmöbeln ist Vorstellungskraft mindestens ebenso wichtig wie handwerkliche Fertigkeiten. Oft sieht der Möbelbauer den Stuhl gewissermaßen schon in den Bäumen, bevor das Holz geschlagen ist. Die Hauptfertigkeit - und das ist eine Fähigkeit, die geübt und weiterentwickelt werden kann - besteht darin, die passenden Holzstücke im Wald auszuwählen.

Der Bau von Wildholzmöbeln beginnt im Wald

In Wäldern ist der Kampf der Vegetation um Licht, Wasser und Nährstoffe oftmals stark. Die Windungen, Biegungen und andere Verdrehungen des Überlebens bringen einen reichen, sehr verschiedenartigen Waldbestand hervor. In diesem Kampf ums Überleben schaffen die schöngewachsenen Gewinner und die klar erkennbaren Verlierer eine üppige Auswahl für den Möbelbauer. Der eine Baum wächst in anmutigen Kurven auf dem Weg zum Licht; ein anderer überlebt Unfälle mit Schneelasten oder den Aufprall eines auf ihn gestürzten Nachbarstammes nur mit schlimmen Verrenkungen. Man findet „Augen“ von den Narben abgestorbener oder abgebrochener Zweige und Risse und Spalten vom Frost im Winter. Auch die Tiere tragen ihren Teil bei: spitze Spieße, wenn die Biber gerade am Holz nagten, Verbißspuren von hungrigen Rehen. Holz am Rande einer Kuhweide beispielsweise kann die Patina feinen Leders annehmen, wenn sich die Kühe jahrelang daran reiben. Es gibt Flechten und Pilze und Käfer, die auf der Rinde Narben und Verzierungen zurücklassen. Man findet Bäume, deren

Seite 96
Bett mit Wurzelholz,Ahorn:
Daniel Mack New York

Wurzeln im Freien liegen, dort, wo sich der Boden senkte, und Bäume, die um Stacheldraht, Felsen, Schlingpflanzen oder gar um einen anderen Baum wachsen. Die Spielarten des Waldes sind endlos und bieten dem phantasiebegabten Wildholzbauer eine überwältigende Auswahl.

Am Anfang läßt man sein Werkzeug am besten zuhause und wandert nur im Wald umher, setzt sich ab und zu hin und schaut einfach. Das kann man im örtlichen Park machen oder im dunkelsten Wald, der zu finden ist. Es ist immer das gleiche: Beim Betrachten der Bäume fängt man irgendwann unwillkürlich an, sie auf ihre Eignung als Bauelemente zu prüfen.

Man schaut sich die Baumarten an, ihre Formen, ihre Zweige und wie jeder Baum auf seine ureigene Art nach Licht und Wasser strebt. Man bemerkt Unterschiede in der Größe und Oberflächenstruktur, in der Lebenskraft und in den einzelnen Stadien des Zerfalls; man merkt, wie sich der Geruch des Waldes ändert, wenn man sich in ihm bewegt, man riecht einzelne Bäume und den modrigen Waldboden. Man betrachtet die Muster der Rinde, die Form der Blätter und wie die Blätter zusammenhängen. Man bemerkt den Raum um die Bäume, den Raum zwischen Ästen und Zweigen. Diese Bilder und die räumlichen Beziehungen möchte man auch in den Möbeln erhalten.

Man kann sich vorstellen, die Bäume hinauf zu klettern oder unter ihrem Schutz zu leben. Man kann sich vorstellen, *in* einem Baum oder gar *als Baum* zu leben. Manche Bäume sind interessanter als andere. Einige erscheinen zu groß, manche zu klein. Vielleicht sind Ahornbäume interessanter als Eschen, Eichen faszinierender als Pappeln. All diese Dinge lassen sich feststellen, auch wenn man die Namen der einzelnen Bäume gar nicht kennt. Wenn man dann anfängt, Möbelstücke im Baum zu erkennen - Wahrnehmungen dieser Art bilden den eigentlichen Anfang vom Bauen mit Wildholz.

Es gibt kein bestimmtes Holz, das zum Bauen am besten geeignet ist. Wildholzmöbel zu bauen heißt, Möbel aus genau dem Holz zu bauen, das man gerade findet. Ich benutze Ahorn, weil dieses Holz an meinem Wohnort gerade auf die Art wächst, wie ich es gerne verwende. Aus demselben Grund verwende ich auch Hickory, Buche, Eiche und Hartriegel. Ich wohne in einer waldreichen Gegend. Sonst würde ich Gärtner und Nachbarn bitten, mir die Abfälle zu geben, wenn sie ihre Zierbäume beschneiden. Wenn ich in der Stadt wohnte, würde ich mich mit den Parkgärtnern anfreunden und ihre Abfälle vor dem Häcksler retten. Und schon bald könnte ich einen stattlichen Vorrat an Ölweide, Robinie, Holzapfel, Zwergbirnen, Pine Oak und anderen Hölzern mein eigen nennen.

Hätte ich Mühe zu warten, bis das Holz trocken ist, würde ich an einem Teich oder Fluß Weiden suchen und anfangen, sie zu biegen und daraus Möbel zusammenzunageln. Auch der Holzvorrat eines Freundes könnte mich interessieren, ein nicht mehr gebrauchter Zaun, ein Biberdamm oder angeschwemmtes Holz in irgendeinem Bach, und ich würde nasse Füße, Brennesseln und eine erkleckliche Zahl aller möglichen Holzkäfer auf mich nehmen, um meine Leidenschaft zu befriedigen.

Als ich mit dem Wildholzbau anfing, lebte ich mitten in New York City. Die gebrauchten Obstkisten und alten Paletten dort waren ebenso interessant und lohnend für mich wie meine Ausflüge in die Wälder. Die Schößlinge, die ich im Wald eines Freundes schnitt, hatten auf eine gewisse Art viel Ähnlichkeit mit dem Holz, das ich oftmals am Straßenrand in der Stadt als Schnittabfall fand. Bei meinen frühen Möbelstücken verwendete ich oft beides.

Dem Wildholzwerker mangelt es nie an Material. Jeder Ort ist gleich gut geeignet, wenn man den Drang verspürt, zu bauen. Überall ist der richtige Ort! Viele der selbstgemachten alten Adirondack-Pflanzenständer oder Rauchtischchen wurden aus Teilen von Obstkisten gebaut, und es gibt sogar eine Handwerkstradition namens „tramp art“ (Landstreicherkunst), in der aufwendige Einrichtungsgegenstände und Möbel aus Zigarrenkisten oder anderem Abfallholz gebaut wurden. Ob man durch einen Wald läuft oder eine Müllhalde durchstöbert, man benötigt denselben Einfallsreichtum. Und wer Wildholzmöbel bauen will, muß zuallererst Holz sammeln.

1.94 (linke Seite) Die Werkstatt von Daniel Mack

1.95 Wildholzwerkerin Micki Voisard schnitzt Manzanitaholz

Frisches Holz schlagen

Ich selbst schlage Holz in verschiedenen Wäldern. Jeder Waldabschnitt besitzt eine ganz bestimmte Mischung an Bäumen - verschiedene Größen, verschiedene Arten und unterschiedliche Grade der Zugänglichkeit. Es ist nicht schwierig, Landbesitzer zu finden, die erlauben, hin und wieder ein paar Schößlinge zu sammeln, wenn sie wissen, daß man keine großflächige Abholzung plant. Für mich zum Beispiel gibt es Birken oben in der Ecke von Bob's Wald, wohlbehütet von Brennesseln. Es gibt Ahorn- und Hickoryschößlinge daußen an der Landstraße. Es gibt Buchen in Keiko's Wald und dünnstämmige Bäume im Wald von Haverley.

Manchmal benütze ich eine kleine Motorsäge, aber normalerweise schneide ich das Holz mit einer gewöhnlichen Baumsäge oder mit einer Bügelsäge. Oft schlagen mir die Leute effizientere, schnellere Methoden vor, um an Holz zu kommen. Wenn ich jemals ein Sägewerk eröffnen werde, greife ich vielleicht darauf zurück, aber im Moment kann ich alles kriegen, was ich brauche, indem ich drei oder vier Stunden im Monat mit meinen Werkzeugen im Wald verbringe.

Ich kann die Möbelstücke in den Bäumen sehen, so daß ich nur das schneide, was ich später auch wirklich verwenden will, und ich schneide es auch gleich im Wald grob zu. Die Stämme werden zu schweren Pfosten für Betten oder Bänke genutzt. Die mitteldicken Astabschnitte finden für Stuhlbeine und Sprossen Verwendung, und die spinnendünnen Spitzen dienen zur Verzierung. Ich säge die Stümpfe bündig am Erdboden ab, und was ich nicht mitnehme, schneide ich klein und verstreue es. Später läßt nichts mehr darauf schließen, daß ich dort gewesen bin.

Ich schneide rund ums Jahr. Nach alter Volksweisheit sollte man im Winter schneiden, wenn die Bäume saftarm sind. Aber es ist kalt im Winter! Jedenfalls möchte (und muß) ich das ganze Jahr über in den Wald gehen. Gut: wer ganzjährig Holz sammelt, sollte in Kauf nehmen, daß manchmal beim Trocknen des Holzes die Rinde abfällt. Aber nicht viel, und normalerweise betrifft es nur die dickeren Bäumchen und nicht die dünnen Stangen, die ich meist verwende.

Geschältes Holz

Will man sich einen Vorrat an geschältem Holz zulegen, gibt es allerdings eine Jahreszeit, die am besten fürs Fällen geeignet ist. Wenn man hier im Nordosten der USA von Mitte Mai bis Anfang Juli Holz fällt, läßt sich die Rinde ganz leicht in langen Streifen ablösen (die Rindenstreifen erfreuen jeden Korbmacher). Um diese Jahreszeit kann man mit einem stumpfen Messer schälen. Getrocknetes Holz zu schälen oder Holz, das geschnitten wurde, als es saftarm war, ist dagegen ein langwieriger, meditativer Vorgang, der ein scharfes Taschenmesser voraussetzt. Ich habe gröbere Schneidwerkzeuge probiert, etwa ein Ziehmesser oder ein Beil, aber sie verletzen das Holz zu sehr, und es sieht nicht mehr geschält aus, sondern eher zugeschnitten.

Schnittholz aus Gärten und Parks

Kaum zu glauben, aber die meisten Leute, die Holz schneiden, denken dabei nicht an Wildholzmöbel - das ist traurig, aber wahr! Hausbesitzer schneiden ihre Bäume zurück, Gärtner lichten den Baum- und Strauchbestand in den Gärten, Stadtparkbedienstete und Straßenreiniger bekämpfen den holzigen Wildwuchs. Aber fällt ihnen dabei ein, aus all den herrlichen Hölzern Wildholzmöbel zu bauen? Nein! Stattdessen werden Abfallhaufen angelegt und Mülldeponien gefüllt! Und überall hört man das üble Kreischen von Häckslern, diesen unersättlichen mechanischen Baumvertilgern.

Meiner Erfahrung nach sind Nachbarn und Gärtner sehr hilfsbereit, wenngleich etwas amüsiert über mein Interesse an ihrem Gestrüpp. Oft suchen sie sogar Stücke aus, von denen sie meinen, ich könnte etwas damit anfangen. Was die Straßen- und Parkarbeiter angeht, so halte ich hin und wieder nach ihnen Ausschau und achte auf den Lärm des Häckslers, der mir ihre Nähe verrät. – Frisch geschlagene Bäume sind auch in Obstgärten zu finden, in zukünftigen Neubauvierteln, wenn Vermessungstrupps tätig sind, im Straßenbau und bei Holzfällern. Wer die Augen offen hält, kann sich aus all diesen eher zufälligen Quellen einen guten Vorrat an frisch geschlagenem und ungewöhnlichem Holz sichern. Mit den Abschnitten von großen Bäumen und Ziersträuchern bekomme ich oft Holz mit Formen, die ich bei den frischen Schößlingen, die ich selbst schneide, niemals finde.

1.96
Lehnstuhl aus Weide und Hartriegel

1.97
Detail Lehnstuhl: Knotenpunkt Sitzfläche – Rückenteil

Margarete Craven aus Longmont, Colorado, verlegte sich nach Jahren des Korbflechtens auf den Bau von Wildholzmöbeln. Ihre Möbelstücke sind „gerollt und geflochten“ und sie findet das Ausgangsmaterial, wo immer sie sich gerade aufhält:

„Das erste eigentliche Möbelstück, das ich gebaut habe, war ein Zweisitzer für Kinder. Mein Mann hatte gerade einen Teil eines Schlehdorndickichts weggeschnitten, um einen Zaun aufzustellen, und als ich die riesige Menge an Material sah - für mich wertvoller Rohstoff - konnte ich es einfach nicht wegwerfen, ohne wenigstens versucht zu haben, irgendwas daraus zu machen.

Ich betrachte jede Pflanze, die nicht zu den gefährdeten Arten gehört, als potentielles Baumaterial. Ich habe schon Silberahorn verwendet, chinesische und amerikanische Ulme, Birke, Schachtelholunder, Hartriegel, Weide, Reben, Apfel, Stechapfel, Flieder, Forsythie, Rosen- und Himbeerstöcke, Liguster, Sonnenblumen- und Senfstengel, Clematis, Wilder Wein, Sumpfbinsen, Katzenschwänze, Drahtgras, Schilfgras, Papyrus, Robinie ... ich experimentiere einfach mit allem.“

Fallholz

Fallholz ist das richtige Holz für Glücksspieler. Wer Holz sammelt, das einige Zeit auf dem Waldboden lag, hat oft das zweifelhafte Vergnügen, Insekten, Pilze und Schimmel aus erster Hand kennenzulernen. Für uns Wildholzwerker sind Bäume die Voraussetzung für einen angenehmen Broterwerb oder für ein Hobby. Für manche Waldbewohner aber, die nicht zu den Säugetieren zählen, sind Bäume jedoch lebensnotwendig, sei es als Nahrung oder Unterkunft. Dies erzeugt einen Wettbewerb, bei dem wir Menschen nicht immer gut abschneiden. Wenn man dem Drang nicht widerstehen kann, einige Fundstücke aus dem Wald mitzunehmen, sollte man sie abseits vom frisch geschnittenen Holz in Quarantäne lagern und sie vielleicht behandeln, ehe man sie im Haus verwendet.

Holz vom Stapel

„Es war frisch geschlagen. Es lag nicht auf dem Waldboden, kann ich also damit bauen?“ Man darf die Überlebensfähigkeit von Insekten und Sporen aus der Luft niemals unterschätzen. Holzstapel sind die Urlaubsziele der Käfer. Dies wissend konnte ich es dennoch nicht lassen, mich an Kirsche, Eiche und Bergahorn vom Holzstoß eines Freundes gütlich zu tun. Ich habe alles in Pfosten und Sprossen gespalten und warf die schwammige, wurmige Rinde weg. Bis jetzt scheint auch alles in Ordnung zu sein. Aber es ist ja auch erst fünf Jahre her ...

Treibholz

Wasser macht Holz für Käfer unbewohnbar. Holz, das völlig vom Wasser durchtränkt war, ist somit ein besseres – aber keinesfalls sicheres – Baumaterial als Holz vom Waldboden. Schimmel und andere Pilze sind immer und überall anzutreffen. Mit Hitze oder Holzschutzmitteln können die Schädlinge eliminiert werden. Ich habe aus Treibholz einige Möbelstücke gebaut, angetan von den sinnlichen, graubraunen, wohlgerundeten Formen. Manches Treibholz ist sehr stabil. Form und Oberflächenstruktur übertragen eine geradezu außerirdische Geschichte auf das daraus gefertigte Möbel. Die Arbeit mit Treibholz setzt Zugang zu einer guten Quelle voraus, eine gute Lagermöglichkeit und irgendeine Maßnahme, um den drohenden Zerfall dieses Holzes aufzuhalten.

Lagerung und Trocknung

Die geeigneten Holzstücke zu finden ist der angenehme Anfang des Möbelbaus mit Wildholz. Anschließend müssen die Äste und Stämme irgendwo hingeschleppt und getrocknet werden. Als ich anfing, Wildholzmöbel zu bauen, lebte ich im 16. Stockwerk eines überheizten Hochhauses in New York. Mein Wohnzimmer diente gleichzeitig als Trockenplatz. Als meine Familie größer wurde, verlegte ich meine Werkstatt in ein gewerbliches Studio. Meine ständig gewachsene Holzsammlung zog mit mir um und entlockte Passanten eine Menge Kommentare, Beobachtungen und Witze. Will man mit *genagelten* Verbindungen arbeiten, ist allzu

_1.98_
Treibholz: Wer suchet, der findet ….

trockenes Holz nicht notwendig, und damit das Lagern des Holzes auch nicht so wichtig. Der einfache „Zigeunerstil“ bei Möbeln aus gebogenem Holz heißt deshalb so, weil er beim fahrenden Volk üblich war, die das Baumaterial weder trockneten noch lagerten. Die folgenden Ausführungen sind Anhaltspunkte für diejenigen, die Wildholzmöbel mit *verzapften* Verbindungen bauen wollen:

Trockenes Holz verzieht, dreht und windet sich nicht so wie frisches Holz, das voll im Saft steht. Um sicher zu gehen, ist es also am besten, das Holz zu trocknen. Der Wechsel der Jahreszeiten und des Klimas verändert das Holz. Es wird immer anschwellen und schrumpfen, wenn die Luftfeuchtigkeit steigt bzw. fällt. Durch das Trocknen werden diese Veränderungen aber minimiert. Das Trocknen in einer Trockenkammer entzieht dem Holz mehr Feuchtig-

1.99 Wildholzlager können so aussehen ....

2.00 ... oder auch so

keit als das Trocknen an der Luft. Das Trocknen in der Kammer läßt Zellen im Holz zusammenfallen, während das Lufttrocknen den Zellen lediglich die Feuchtigkeit entzieht. Manche Wildholzbauer benutzen kleine, industriell hergestellte Trockenkammern oder Kammern mit Solarheizung. Trockenkammern machen auch Pilzen und Käfern das Garaus - eine sehr attraktive Nebenwirkung.

Nach der traditionellen Faustregel trocknet Holz etwa 2,5 cm pro Jahr. Meine Stuhlbeine - meist etwa 4 cm stark - brauchen also 18 Monate, um mehr oder weniger zu trocknen. Das bedeutet, daß ich anderthalb Jahre in die Zukunft planen muß, um vorherzusehen, welches Holz ich dann benötigen werde. (Es ist toll, wenn man das schafft!)

Ich habe herausgefunden, daß der wahre Schlüssel zum guten Bauen darin liegt, für die Sprossen nur völlig trockenes Holz zu nehmen. Dann kann ich nämlich auch Pfosten benutzen, die nicht ganz so trocken sind, wie sie sein sollten. Bohrlöcher in diesen nicht ganz so trockenen Pfosten schrumpfen um die gezapften Enden der trockeneren Sprossen, und so erhält man eine gute Passung. Anstatt also bei allem Holz anderthalb Jahre im voraus zu planen, genügt es, wenn ich einen reichlichen Vorrat an gut trockenem Material für die Sprossen lagere.

Meine Sprossen sind gewöhnlich kürzer als 50 cm, deshalb schneide ich das Material auf 50 cm zu und lasse es oben in meiner Scheune, in der Nähe eines Heizkörpers oder am Ofen liegen. Dadurch trocknet es schneller. Sprossen sind dann trocken, wenn sie sich wie Trommelschlegel anhören - ein klarer, scharfer, kurzer Ton, wenn man sie aneinander schlägt. Am besten schlägt man einmal zwei feuchte Sprossen aneinander: Klack, klack, klack. Zwei trockene klingen nicht so dumpf, eher wie: klick, klick, klick. Alles klar? Im Moment, nach zehn Jahren im Geschäft, besitze ich eine Sammlung von ganz ungewöhnlichem, sehr trockenem Holz und eine weitere Sammlung von fast trockenem Holz in der Größe und Art, wie ich es am häufigsten benutze.

Sobald man anfängt, auch nur eine bescheidene Holzsammlung anzulegen, sollte man die Sammlung ordnen und sie dann auch beschriften (jawohl!), um nicht zu vergessen, wann das Holz geschnitten wurde. Am besten längt man das frisch geschnittene Holz sofort auf sinnvolle Größen ab. Man muß entscheiden, welche Stücke als Sprossen und welche als Pfosten dienen sollen. Auf jeden Fall schneidet man sie ein bißchen länger zu als nötig und bindet sie zu Bündeln, oder steckt sie in Kartons und schreibt darauf, wann sie geschnitten wurden und wozu sie dienen sollen. Gute Organisation ist der Geheimtip für den langfristig erfolgreichen Wildholzbau!

Auf Holzschädlinge achten

Es gibt eine ganze Menge Insekten, auf die ein Wildholzwerker stößt, sobald er einige Zeit im Gewerbe ist. Zum einen ist da die fliegende, summende Art, die sticht und lästig ist. Fliegen, Pferdefliegen, Moskitos, Schnaken und winzige Stechmücken können einem sehr auf die Nerven gehen, sind aber für das Holz nicht bedrohlich. Die wirklich schrecklichen sind ihre Verwandten - die, die das Holz fressen.

Als Hausbesitzer bin ich auf der Hut vor Ameisen und Termiten und kann die Hilfe der örtlichen Kammerjäger in Anspruch nehmen. Als Wildholzbauer aber bin ich das Opfer der üblen Überlebensstrategien der *Lyctidae* (Splintholzkäfer), *Anobidae* (Pochkäfer) und *Bostrichidae* (Holzbohrkäfer). Das sind die berüchtigten Holzbohrer - die Küchenschaben des Wildholzbaus. Sie verspeisen totes Holz. Tatsächlich mögen sie auch die Stärke im Saftholz, und sie vererben diese Vorliebe weiter an all die nächsten Generationen. Dem Wildholzbauer hinterlassen sie gewöhnlich einen feinen, pulvrigen Staub. Es ist sehr schwierig, all diese Käfer loszuwerden. Ich vermeide deshalb wurmstichiges Holz schon beim Sammeln. Aber manchmal überlisten die flinken Tiere mich und schaffen es, in mein Holzlager zu gelangen. Dann sehe ich ihre kleine Hinterlassenschaft, das sogenannte Bohrmehl. Oder noch schlimmer, ich höre sie tatsächlich mampfen! Ja, es ist kaum zu glauben, aber man kann wirklich hören, wie sie sich am Holz gütlich tun!

Leider gibt es wenig Gegenmittel. Das einfachste ist immer noch, alles befallene Holz wegzuwerfen. Denn um die Insekten abzutöten, müßte das Holz behandelt werden. Und das ist eine echte Herausforderung. Manchmal bohre ich eine Büroklammer in die Kammer im Holz, in der sie leben. Klingt schrecklich? Ist es auch. Manchmal fülle ich auch eine Spritze mit Terpentin und injiziere die Flüssigkeit in das kleine Bohrloch ... Nach ein paar Minuten kommen sie aus ihren Löchern, ganz aufgeregt, aber erledigt.

Es gibt Leute, die für dieses Problem “erwachsenengemäße” Lösungen vorschlagen, z.B. Ausräuchern der Käfer in einer luftdichten Kammer mit professionellen Rauchmitteln wie Methylbromid oder Viakne. Ich finde ein solches Vorgehen nicht „wildholzgemäß“. Ich selbst habe manchmal schon ein befallenes Stück Holz mit einer Lötlampe oder einem Heißluftgebläse so lange erhitzt, daß es die lästigen Krabbler nicht mehr darin aushielten. Der Trick und die Kunst dabei ist, das Holz nicht anzuzünden. Wenn man das Holz ein bis zwei Stunden auf knapp 50°C halten kann, schafft man Bedingungen wie in einer Trockenkammer und tötet die Insekten.

Und dennoch besitze ich eine Sammlung alter Zaunpfähle, umgestürzter Zedern und Kastanienstümpfe, von denen ich mich einfach nicht trennen kann ...

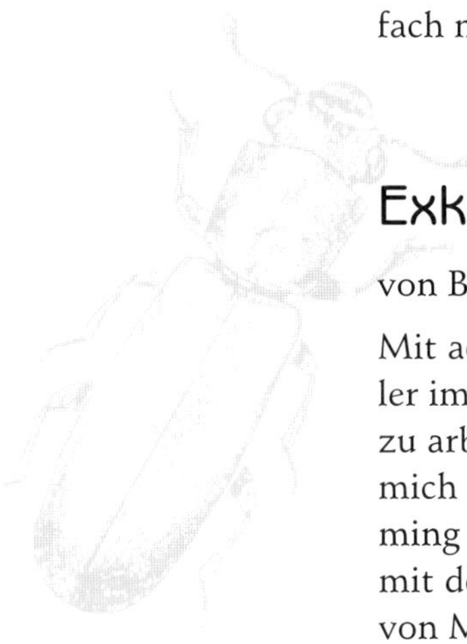

Exkurs: Holz sammeln

von Brent McGregor

Mit achtzehn Jahren fing ich an, als Holzfäller im Nordwesten des Staates Washington zu arbeiten. Im Laufe der Zeit jobbte ich mich durch Oregon, Alaska, Montana, Wyoming und South Dakota. Danach war ich mit dem Zusägen von Holz und dem Bau von Massivholzhäusern, also Blockhäusern, beschäftigt. Nachdem ich acht Blockhäuser gebaut hatte, suchte ich nach einer schöpferischeren Betätigung und kam auf das Bauen von Möbeln aus Wildholz. Mein erstes Bett aus Stämmen habe ich 1987 hergestellt. Das war sozusagen der Beginn meines Möbelgeschäftes und damit erlangte ich gewissermaßen auch ein neues Ansehen unter den ehemaligen Kollegen.

Zentral-Oregon eignet sich wegen der dortigen Artenvielfalt ausgezeichnet für den Bau von Wildholzmöbeln. Ich habe 25 Holzarten innerhalb eines 150 km-Radius von meiner Werkstatt gesammelt. Wir leben in einer Gegend, wo die Bergkiefer auf Wüstenwacholder trifft, und das bringt manch ungewöhnliche Form und Gestalt bei den Bäumen hervor. Bei uns gibt es Krüppeleiche, die sich zu herrlichen Möbeln verarbeiten läßt. Eine Autostunde westlich finden sich uralte Nadelwälder, und noch ein paar Stunden weiter kommt man an die Küste, wo Treibholz zu finden ist. Mir ist sonst keine Gegend bekannt, die ein so breites Spektrum an geeigneten Holzarten bietet.

Ich muß sagen, daß Wacholder mein Lieblingsholz ist. So üppig wächst es nur an zwei Orten auf der Erde - in Zentral-Oregon und im Heiligen Land. Ich muß lediglich aus meiner Werkstatt hinausgehen, und direkt vor der Tür liegt meilenweit Hochwüste, in der ich genau die richtigen Stücke finden kann. Ich kann den mystischen, uralten Geist wirklich spüren, den diese Wacholderbäume ausstrahlen. Mit ihrem krummen und verzerrten Aussehen eignen sie sich ideal zum Bauen.

Da es sich um ein Wüstengewächs handelt, ist der Feuchtigkeitsgehalt des Wacholders sehr gering, das Trocknen wird dadurch einfach. Oft ist ein großer Teil des Baumes schon abgestorben und nur einige dekorative weiße Saftbahnen halten ihn noch über Jahre am Leben. Ich benütze einen Feuchtigkeitsmesser, der die Feuchtigkeit etwa 8 cm tief im Holz messen kann. In der Wüste haben viele Bäume einen Feuchtigkeitsgehalt unter 20% und trocknen auf neun oder zehn Prozent, wenn ich sie in meiner Werkstatt lagere. Da sich meine Werkstatt in einem Wüstenklima befindet, ist das Trocknen so einfach, daß ich dazu keinen Ofen brauche.

Lodgepole Pine- und Ahornholz sind ebenfalls gut geeignet. Unlängst habe ich eine abgelegene Gegend mit Lodgepole Pine-Bäume entdeckt, die viele Knoten und Knollen im Holz aufweisen. Gewöhnlich sind die nur in den Rocky Mountains zu finden. Mit den Genehmigungen der jeweiligen Landbesitzer suche ich stehende tote Kiefern, die durch Käferbefall eingingen, oder ich finde Baumgruppen, die durch Feuer umkamen. Ich lasse selten die Rinde am Baum, da anders als bei vielen Laubhölzern Kiefern ihre Rinde nicht behalten. Die stehenden toten Bäume sind fast sofort zur Bearbeitung geeignet. Viele Äste, die geschält eine oder zwei Wochen lang neben dem Holzofen stehen, können dann zum Möbelbau verwendet werden.

Exkurs: Arbeiten mit Treibholz

von Judd Weisberg

Treibholz ist ein einzigartiges Material unter den Sammelhölzern. Es ist an den Ufern von Flüssen, in Lagunen und an Stränden zu finden. Das Holz treibt an den Strand, wird wieder weggespült und „naß geschliffen“, bis man es findet. Manchmal wird es mehrfach weggespült, je nachdem, wie hoch das Wasser steigt und fällt. Je länger Holz naß und im Dunkeln bleibt, desto schneller zerfällt es. Treibholz sollte sorgfältig untersucht werden, um sicherzustellen, daß es gesund ist. Kommen Zweifel auf, ob man ein Stück Treibholz behalten kann, sollte man es lieber wegwerfen.

Treibholz muß trocken sein, ehe es benutzt wird. Es ist zu empfehlen, das Holz auf einem Gestell zu trocknen, das die Luft ungehindert zirkulieren läßt. Ich rechne normalerweise mit drei bis sechs Monaten, bis das Holz ausreichend trocken ist. Wird das Holz naß gesammelt, sollte es vorher gründlich an der Luft abtrocknen, ehe man es in das Gestell legt. Man sollte Stapelleisten verwenden - kleine Holzstreifen, die die Stücke auseinander halten - und das Treibholz zur Vermeidung von Schimmelbefall regelmäßig drehen.

In den vierundzwanzig Jahren, in denen ich nun mit Treibholz arbeite, habe ich noch nie mit Insektenbefall zu tun gehabt. Durch seinen Aufenthalt im Wasser wird das meiste Ungeziefer ertränkt. Wenn das Holz erst einmal begonnen hat zu zerfallen und dann feucht bleibt, ziehen Ameisen, Termiten und Ohrenkneifer ein. Jedes Stück, das kleine Fluglöcher oder Fraßgänge aufweist, ist ein Kandidat für Probleme. Entschließt man sich, es trotzdem mit nach Hause zu nehmen, muß es ausgesondert und (durch Aufschneiden) geprüft werden, ob das Holz befallen ist.

Wenn man das Holz so erhitzen kann, daß die Temperatur im Inneren zwei Stunden lang über 45°C bleibt, sollten eigentlich alle Schädlinge darin abgestorben sein. Nochmals: im Zweifelsfall immer wegwerfen!

Verrottung ist bei Treibholz oft ein Problem. Unglücklicherweise verrotten meist die schönen, vom Wetter gezeichneten Stellen, die dem Treibholz seinen besonderen Charakter geben. Es empfiehlt sich, verrottete Abschnitte wegzuschnitzen oder abzuschneiden, wenn man ein gesundes Möbel bauen will.

2.01
Werkstattleben

Für die Oberflächenbehandlung empfehle ich ökologisch unbedenkliche Mittel. Zum Beispiel können gekochtes Leinöl, Nußöle und Zitrusverdünner eingesetzt werden. Ich selbst bevorzuge wasserlösliche Kunstharzfarbe oder Farben auf Kaseinbasis (Milch). Es gibt in Deutschland eine Reihe von Farbenhersteller, die umweltverträgliche Lacke und Farben für Möbel herausgebracht haben.

Bei der Bearbeitung der wundervollen Formen von Treibholz können sowohl die Handwerkskünste und Werkzeuge des Schreiners als auch die des Zimmermanns und Bildhauers einfließen. Verbindungen werden oft in Form von Überblattung, Schwalbenschwanz, Verkämmung, Verzapfung und gerader Stoß ausgeführt. Bei wiederverwendetem Holz sollte man darauf achten, eventuell verborgene Nägel, Schrauben usw. zu entfernen, sie beschädigen die meisten Schneide- und Hobelwerkzeuge.

Bei geleimten Stücken verstärke ich oft die Verbindungsstelle mit einer Schraube aus Messing oder Stahl. Mehrere Hersteller bieten spezielle Gewinde für hartes und weiches Holz an. Vorbohren hilft, das Splittern des Holzes zu vermeiden. Schraubenlöcher können mit kleinen Holzscheiben verdeckt werden (mit einem Pfropfenbohrer oder durch Zuschneiden von Rundmaterial herzustellen). Aliphatische Harzkleber eignen sich zum Festkleben dieser Pfropfen. Für großdimensionierte Konstruktionen - und bei Rundhölzern mit großem Durchmesser - können Maschinenschrauben oder Schlüsselschrauben mit Sechskantkopf eingesetzt werden, manchmal ist auch eine passend zugesägte Gewindestange die Lösung. Bei hochbelasteten Verbindungen bieten Schrauben in der Regel den sichersten Zusammenhalt.

Werkzeuge

Es erfordert nur einen geringen Aufwand an Zeit und Kosten, um sich einen brauchbaren Werkzeugsatz für den Bau von Wildholzmöbeln zuzulegen. Werkzeuge sind ebenso wie viele andere materiellen Dinge – z.B. Bekleidung, Wohnungseinrichtung oder Nahrungsmittel – nicht nur nützlich, sondern können auch viel über ihre Nutzer aussagen. Denn die Wahl, die Verwendung und die Pflege der Werkzeuge ist immer auch eine Aussage über sich selbst. Nicht alle Sägen sind gleich. Die meisten Sägen schneiden, aber es gibt Sägen, die angenehmer zu benutzen sind. Manche schneiden schneller, kosten mehr Geld oder haben mehr persönliche Geschichte oder Tradition.

Das Abenteuer, Wildholzmöbel zu bauen, schließt die Wahl und die Verwendung von Werkzeugen mit ein. Man kann Wildholzmöbel in einer wohlausgestatteten Werkstatt herstellen, in der die Umrisse eines jeden Werkzeugs sorgfältig an einer Lochwand nachgezeichnet sind und die Griffe der Schraubenzieher jedes Jahr neu gestrichen werden. Aber man kann Wildholzmöbel auch mit einer Sammlung von Werkzeugen bauen, die man geerbt, geborgt oder im Schlußverkauf erstanden hat und in einer Schachtel hinten im Schrank aufbewahrt.

Es ist eine der nützlichsten Fähigkeiten beim Bauen mit Wildholz – wie auch bei anderen handwerklichen Arbeiten – zu wissen, wann man das Werkzeug wechseln muß. Während ein Projekt Gestalt annimmt, ändert sich die Beziehung zwischen der Person, der Arbeit und dem Werkzeug ständig. Einer der wichtigsten Gründe für einen Werkzeugwechsel ist, Körperkraft einzusparen und dadurch mehr Energie für eine gute Formgebung zu haben. Der Werkzeugwechsel hält einen gewissen Rhythmus aufrecht und verhindert, daß der kreative Prozeß zur reinen Tätigkeit wird. (Später werde ich noch auf die Bedeutung des Wechsels von Raspel zu Schmirgelpapier bei der Endbearbeitung eingehen.)

Es gibt bei den Werkzeugen, die zum Bauen von Wildholzmöbeln nötig sind, einige grundsätzlich wichtige: Schneidewerkzeuge, Bohrwerkzeuge, Markierungs- und

2.02
Selbsthergestellte Schnitzwerkzeuge von Bobby Hansson. In der Mitte das aus einer alten Feile hergestellte Ziehmesser

Meßwerkzeuge, Haltewerkzeuge für den Zusammenbau, und schließlich Vorrichtungen, die vor Verletzungen schützen.

Schneidewerkzeuge

Die Säge ist das Grundwerkzeug für das Schneiden. Als ich die faszinierenden Eigenarten des Bauens mit Wildholz entdeckte, war meine erste Säge eine zweischneidige japanische Säge, die ich im Museum of Modern Art in New York erstanden hatte. Sie war mit einer blauen Leinenhülle versehen und ihre Klinge war in Wachspapier gewikkelt. Für mich war dies die perfekte Mischung von bizarr und funktionell. Bevor ich entdeckte, daß es eher eine Säge für das leichte Beschneiden war, hatte ich schon einige Zähne abgebrochen, beim Versuch einen Schößling zu fällen. Seither habe ich viele Sägen verbraucht, mein Verbrauch an Sägen war lange Zeit enorm, bis ich lernte, besser damit umzugehen.

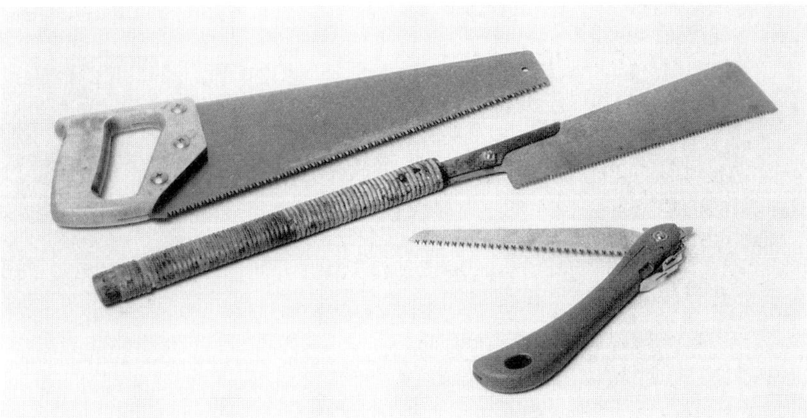

2.03
Praktische Schneidewerkzeuge: ein Fuchsschwanz, eine japanische Säge für Querschnitte und eine faltbare Baumsäge

Heute benütze ich zwei Arten von Sägen, obwohl mir eine genügen würde, nämlich die faltbare Baumsäge mit einer höchstens 20 cm langen Klinge. Es gibt sie in unterschiedlicher Ausführung, üblicherweise stammen sie aus Japan und sind im guten Werkzeughandel erhältlich (siehe Anhang).

Ich habe inzwischen eine Vorliebe für Werkzeugläden in meiner Nachbarschaft. Zwar habe ich schon Werkzeuge bei vielen Versandhäusern gekauft, die auf Holzbearbeitung spezialisiert sind, und mache es immer noch. Aber ebenso wie ich in der Region gewachsenes Holz zum Bauen verwende, merke ich, daß ich auch mein Werkzeug in der Nachbarschaft kaufen möchte. Mir gefällt das Gefühl nicht, daß ich Werkzeuge brauche, die es nur in Minnesota oder New Mexico unter einer gebührenfreien Telephonnummer zu bestellen gibt.

Deshalb (und zum Teil auch wegen meiner Ungeduld) durchstöbere ich gerne die örtlichen Werkzeugläden. Dort verfalle ich in diesen uralten hypnotischen Zustand, in dem ich mir sage, „Ich weiß zwar nicht, warum ich hier bin, aber ich weiß, was ich möchte, wenn ich es sehe". Und wenn man mit dem Bau eines Denkmals für den Wald beginnt, ist es beruhigend zu wissen, daß man dazu die gleichen Werkzeuge benutzt wie der Nachbar, der damit sein Gebüsch stutzt.

Tischsäge

Ich benutze eine Säge für den Feinzuschnitt und für das Ablängen des Holzes in der Werkstatt. Das kann eine Bügelsäge sein oder eine japanische Säge mit auswechselbarer Klinge oder die Baumsäge. Ich verwende eine Gehrungssäge mit einem 25 cm-Blatt in meiner einen Werkstatt und eine Armsäge mit 30 cm-Blatt in meiner anderen. Der einzige große Vorteil dieser Motorsägen ist, daß sie beim Abwinkeln von Pfosten und Stuhlbeinen Muskelkraft sparen.

Handschere

Sie ist praktisch, um unerwünschte Triebe von größeren Ästen zu entfernen oder zum Zuschneiden von Zweigen für Verzierungsarbeiten. Auch hier funktioniert die ganz normale handelsübliche Sorte ausgezeichnet. Allerdings habe ich eine mit einer Ratschenfunktion gefunden, die das Schneiden von dicken Ästen so leicht macht wie das Schneiden von kleinen.

Astschere

Die Astschere ist eine große Schere mit langen Griffen, mit der man manchmal sogar kleine Bäume fällen kann. Sie eignet sich ausgezeichnet dazu, einen bereits gefällten Baum zuzuschneiden. Allerdings hat sie den Nachteil, daß ihre großen Backen sehr leicht das Holz zerquetschen, deshalb verwendet man Astscheren am besten dazu, das Holz grob abzulängen, während man den endgültigen Zuschnitt mit der Tischsäge erledigt.

Motorsäge

Manchmal benutze ich eine kleine, benzingetriebene *Motorsäge* mit einem 25 cm langen Schwert. Das Sägen geht schnell mit ihr, ist aber laut, ölig und stinkt, und eigentlich muß man ihr immer mehr Aufmerksamkeit zukommen lassen, als ich dazu bereit bin. Normalerweise brauche ich so wenig Bäume für meine Arbeit, daß die Effizienz der Motorsäge gar nicht nötig ist. Dennoch ist es für mich gut zu wissen, daß ich eine zur Verfügung habe.

2.04
Die Stemmeisen von Barry Gregson

Messer, Stech- und Hohlbeitel

Messer sind für mich eigentlich die angenehmsten Werkzeuge. Ich besitze mindestens zwei Dutzend Messer, hauptsächlich alte Taschenmesser, die schon jahrelang benutzt wurden, ehe sie in meine Hände gelangten. Ich liebe das Gewicht, das Gefühl des Abgenutzten und die merkwürdig geformten Klingen von Messern, die schon jemand anders besaß. Ich glaube, daß sie mit großer Macht ausgestattet sind, denn sie verbinden mich mit den früheren Generationen von Handwerkern. Ein altes Messer besitzt für mich einen Zauber ähnlich wie ein Baum. Bringe ich beides zusammen, verstärkt das die Verbindung meiner Stühle in Zeit und Raum.

Ich verwende auch *Linoleum- und Teppichmesser*, vorzugsweise gebrauchte. Neu sind sie in jedem Werkzeugladen erhältlich. *Stech- und Hohlbeitel* sind messerähnliche Schneidewerkzeuge, die für das genaue Anpassen von Wildholzteilen hilfreich sind und auch beim Schnitzen von Pflöcken oder Zapfen praktisch.

Bohrwerkzeuge

Ein großer Teil der Bearbeitung von Wildholz besteht darin, Löcher in Holz zu bohren. Es ist zwar möglich, Holz zu finden, in dem schon Löcher sind – dann waren aber vermutlich Käfer oder Spechte am Werke. Für genagelte Wildholzmöbel bohrt man am besten kleine, tiefe Löcher vor, bevor man die Nägel einschlägt. Für verzapfte Verbindungen sind größere Löcher notwendig. Und für Verbindungen aus Stammholz muß man vielleicht mehrere Löcher kreisförmig anordnen und das entstehende große Zapfenloch weiter mit einem Stechbeitel bearbeiten, bis der Zapfen paßt.

Am häufigsten wird zum Bohren eine *elektrische Bohrmaschine* verwendet. Alle grossen Hersteller bieten auch schnurlose Akkumodelle an, die bei beengten Verhältnissen gewisse Vorteile besitzen. Sie sind für den gelegentlichen Einsatz geeignet, denn Bohrmaschinen mit Netzanschluß sind nicht nur preiswerter, sondern arbeiten auch gleichmäßiger und müssen nicht dauernd nachgeladen werden. Eine Bohrmaschine guter Qualität kostet nicht viel und hält ewig. Ich selbst benütze schon seit zehn Jahren beinahe jeden Tag immer noch ein und dieselbe Bohrmaschine.

Manche Hersteller bieten kleine, leistungsstarke Bohrmaschinen mit 12 mm-Bohrfutter an. Ihre geringe Größe ist beim Wildholzbau mit seinen Unregelmäßigkeiten oft von Vorteil und die Leistung dieser Maschinen für die Bearbeitung von Hartholz nützlich. Der Nachteil der stärkeren Bohrmaschinen ist, daß sie Fehler nicht verzeihen und das Handgelenk stärker beanspruchen. Bei den schwächeren 10 mm-Bohrmaschinen paßt die Leistung besser zum menschlichen Arm, und die Bohrmaschine bleibt stehen, wenn der Bohrer sich verhakt. Sie zieht Arm oder Handgelenk nicht mit sich, so wie es bei den stärkeren 12 mm-Modellen der Fall ist.

Mit der guten alten *Brustleier* können Löcher mechanisch auf eine erfreuliche Art gebohrt werden - sie verschafft gleichzeitig ein wenig Gymnastik. Denn die Bohrleier ist nichts weiter als eine große Kurbel, mit der man – gute, scharfe Bohrer und eine ruhige Hand vorausgesetzt – saubere, akkurate Löcher herstellen kann, ohne dazu Strom zu benötigen. Wenn es um das Bohren von Löchern ging, dann war die Brustleier bei den alten Wildholzwerkern von jeher das bevorzugte Werkzeug.

Eine Ständerbohrmaschine ist die stationäre Variante der Bohrmaschine. Sie eignet sich vorzüglich, um eine bestimmte Art Löcher in eine bestimmte Art von Wildholzmöbeln zu bohren, aber nicht für alle Arten von Löchern in Wildholzmöbel aller Art. Wann immer es möglich ist, benutze ich eine Ständerbohrmaschine, das spart Zeit und Muskelkraft. Bei meiner Art, Stühle zu bauen, muß ich sicher gehen, daß die Löcher im Stuhlrücken auf einer Linie liegen und parallel zueinander angeordnet sind. Die Ständerbohrmaschine ist am besten dafür geeignet, die Ausrichtung der verschiedenen Löcher eines Stuhles zueinander zu kontrollieren. Aber jede Aufgabe, für die eine Ständerbohrmaschine nützlich wäre, läßt sich auch mit anderen Bohrwerkzeugen lösen, solange das Holz fest eingespannt werden kann.

Bohreinsätze

Eine gründliche Abhandlung dieses Themas kann leicht so komplex geraten wie die Beurteilung von Weinen: es gibt die einfachen Arten für jeden Tag ... und dann gibt es die verschiedenen Sorten und Exoten. Die Wahl eines Bohrers hängt von persönlichen Vorlieben ab, die wiederum beeinflußt sind von der Bereitschaft, Geld für spiralförmige Metallstäbe auszugeben, und von der Fähigkeit, diese zu schärfen oder zu ersetzen.

Die meisten Bohrer erzeugen auch in Wildholz brauchbare Löcher, aber es gilt zu beachten, daß die üblichen Bohrer mit ihrer relativ stumpfen Dachspitze die Neigung haben, auf dem Holzstück zu wandern und sich dann irgendwo hineinzubohren, wo man es wahrscheinlich gerade nicht will, denn das Ausgangsmaterial ist ja rund und unregelmäßig geformt. Deshalb sollte man beim Arbeiten mit Wildholz Bohrer benutzen, die eine kleine Spitze oder einen Sporn in der Bohrerspitze aufweisen. Das hält die Bohrerspitze - und damit auch das zu bohrende Loch - exakt an der gewünschten Stelle.

Flachfräsbohrer

Flachfräsbohrer sind die flachen Bohrer mit den reißzahnähnlichen Spitzen. Sie sind überall erhältlich, billig, wirksam und leicht zu schärfen. Bei kleinerem Wildholzstücken dringt die Zentrierspitze aber oft durch das Holz hindurch und tritt auf der anderen Seite bereits wieder aus, bevor das eigentliche Bohrloch tief genug ist. Für manche Möbelbauer geht das in Ordnung. Schließlich läßt sich dadurch überschüssiger Leim hinausdrücken, und es verleiht den Möbeln ein ganz besonders handgefertigtes Aus-

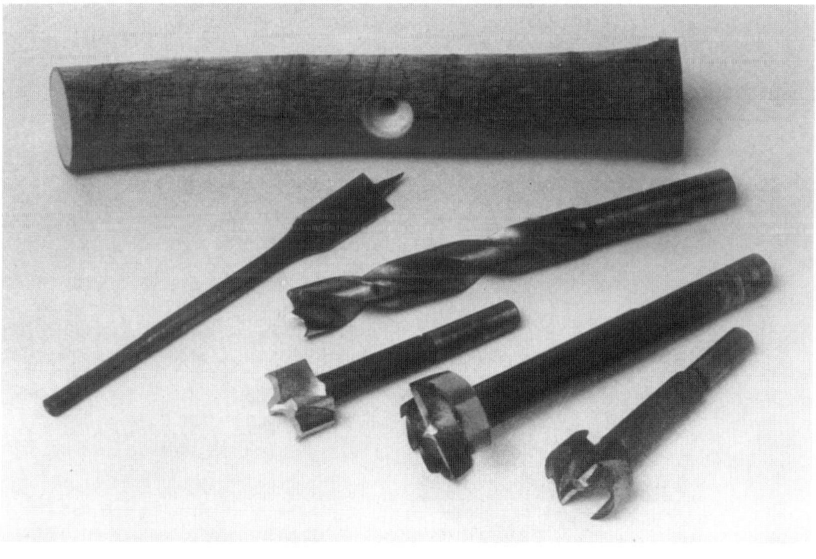

2.05 Bohrwerkzeuge (von oben): Flachfräsbohrer, Dübelbohrer, Sacklochbohrer, Forstnerbohrer

2.06 Wildholzwerker Chuck Fredericks in seiner Werkstatt

sehen. (Die meisten meiner ersten Stühle sahen so aus.) Der eigentliche Vorteil dieser Bohrer ist der geringe Preis. Sie eignen sich besonders für Anfänger, die nicht sicher sind, wie viel Geld sie in ihre Ausrüstung stecken wollen.

Schlangenbohrer

Schlangenbohrer sind die langen Spiralbohrer, die am Sporn an der Bohrerspitze mit einem Schraubengewinde versehen sind. Diese Schraube ist im allgemeinen nicht so lang wie die Zentrierspitze des Flachfräsbohrers. Man nimmt sie normalerweise für die Brustleier, aber es gibt sie auch für elektrische Bohrmaschinen. In der Brustleier graben sich diese Bohrer sanft, aber unerbittlich ins Holz. In einer Bohrmaschine benehmen sie sich ähnlich wie gefräßige Biber und können leicht die ganze Arbeit kaputt machen. In Bohrmaschinen sollte man sie deshalb nur mit der langsamsten Geschwindigkeit benutzen.

Dübelbohrer

Diese Bohrer verwende ich regelmäßig. Dübelbohrer mit ihren zarten Spannuten besitzen nur einen ganz kleinen, scharfen Dorn und keinen Sporn als Zentrierspitze. Sie sind aus normalem, gehärteten Stahl und in einer Vielfalt von Varianten erhältlich, sei es mit aufgesetzten Spitzen, beschichtet oder aus exotischen Metallen. Sie werden in den USA, in Deutschland und in Österreich hergestellt, seit neuestem auch in China.

Forstner-Bohrer

Diese Bohrer besitzen eine kleine Zentrierspitze und erzeugen ein sehr sauberes Loch mit einem ebenen Boden. Sie sind sehr teuer, schwierig zu schärfen und eignen sich eher für feinere Holzarbeiten. Der Bau von Wildholzmöbeln ist erfreulicherweise so grob, daß man gewöhnlich keine ingenieursmäßigen Spitzenwerkzeuge dafür benötigt.

Halte- und Montagewerkzeuge

Halte- und Montagevorrichtungen dienen dazu, das Werkstück während der Bearbeitung dort festzuhalten, wo man es haben will. Eine Hand, die in einem Lederhandschuh steckt, ist das einfachste Modell. Nachfolgend noch einige Varianten:

Schraubstock

Ich besitze unterschiedliche Schraubstöcke in meiner Werkstatt. Einige sind an der Werkbank befestigt, andere sind beweglich und können mit der Ständerbohrmaschine benutzt oder vorübergehend an der Werkbank befestigt werden. Bei fast allen Anwendungen muß man die Schraubstockbacken polstern, damit das Holz nicht beschädigt wird. Manchmal macht es auch Sinn, spezielle Halteblöcke anzufertigen, um kleine Stöcke zum Bohren im Schraubstock greifen zu können.

Zwingen

Ich besitze ein ganzes Sortiment von Bügelschraubzwingen und Spannknechten, mit denen ich Stücke beim Bearbeiten oder Leimen zusammenspanne. Aber sogar mit Polstern an den Backen hinterlassen diese Werkzeuge meist Spuren auf dem Holz. Mein Lieblingshaltewerkzeug ist der Bandspanner, ein Nylongurt, der die unregelmässig geformten Holzstücke sicher zusammenhält. Er ist billig und in jedem Werkzeugladen erhältlich. In der Not verwende ich manchmal auch eine Wäscheleine mit einem Spannknebel (siehe Seite 136).

Kerbblöcke

Für die Ständerbohrmaschine halte ich einige Kerbblöcke bereit, um beim Bohren die Stöcke am Rutschen oder Verdrehen zu hindern. Es sind einfach Holzklötze mit einer V-förmigen Kerbe auf einer Seite, mit der man runde oder unregelmäßige Holzstücke festhalten kann. Ich habe sie aus Fichtenabfallstücken hergestellt. Mit Hilfe kleinerer Holzspäne kann man darin auch krumme Äste exakt unterstützen.

Klüpfel

Ich besitze Klüpfel (Hämmer) aus Gummi und aus Leder. Mit ihnen kann ich zuschlagen, ohne das Holz zu verformen oder die Rinde zu lösen. Sie sind in den meisten Werkzeugläden erhältlich. (Man kann sich natürlich auch seinen eigenen Holzklüpfel herstellen, siehe Seite 117)

Markierungs- und Meßwerkzeuge

Da Rinde meist dunkel und grau ist, sind Markierungen mit dem normalen Zimmermannsbleistift darauf kaum zu sehen. Mit Kreide oder Filzstiften geht es besser. Meist halte ich aber nur meinen Finger dahin, wo ich sägen oder bohren will und fange an. Zum Messen des Holzes verwende ich ein gewöhnliches ausziehbares Bandmaß.

Zunächst wird das Holz nur mit Augenmaß abgeschätzt. Dabei muß man auf die Eigenheiten und Zeichnungen achten, seine Länge und seinen Durchmesser, um ein Gefühl dafür zu bekommen, was aus diesem bestimmten Stück Holz werden könnte. Die einzelnen Holzarten wachsen in bestimmten Mustern, was das jährliche Wachstum, und den Abstand zwischen den Zweigen betrifft. Damit wird eine Reihe natürlicher Maße zur Verfügung gestellt, die man sehen kann. Ich möchte die Schnitte und Löcher an ganz bestimmten Stellen haben, aber dazu muß ich zunächst das Holz mit dem Auge messen, um sicher zu gehen, daß es für den beabsichtigten Zweck und die gewünschte Formgebung das richtige ist.

Sicherheit

Obwohl es beim Bauen mit Wildholz ganz gemächlich zugeht, sind Unfälle möglich. Unglücksfälle passieren z.B. oftmals, wenn ein Werkzeug abrutscht: Ein Messer erwischt die Hand, eine Baumsäge mit ihren vielen scharfen Zähnen springt vom Werkstück und schneidet in den Finger bis zum Knochen. Oder ein Bohrer wandert vom astigen Material, verfängt sich im Hemd und bohrt sich in den Bauch. Oder die große Armsäge schneidet den Stamm sauber ab und das Abfallstück fliegt plötzlich quer durch die Werkstatt. Vielleicht rutscht auch der meterlange Spannknecht vom astigen, runden Werkstück ab und schrammt am Schienbein entlang, ehe er auf dem Fuß landet. Also Vorsicht!

Man muß immer damit rechnen, daß Unfälle passieren. Deshalb ist die eigene Wachsamkeit die wertvollste Sicherheitsvorkehrung in der Werkstatt. Die meisten Unfälle ereignen sich, wenn die Sinne abgestumpft sind. Also sollte man genügend geschlafen, nicht zu viel Kaffee getrunken und auch keinen Alkohol oder sonstige Drogen genommen haben. Ich arbeite möglichst nicht mit elektrischen Werkzeugen oder Motorsägen, wenn ich alleine bin, und überhaupt nicht länger als acht Stunden in der Werkstatt. Auch wenn so manches Wildholzmöbel den Flair des Wilden Westens verbreitet – selbst die Cowboys mußten lernen, sich nicht in den Fuß zu schießen.

Arbeitsschuhe: Turnschuhe sind zwar bequem, aber ein leichtes Ziel für fallende Gegenstände, die schwer und scharf sind. Am besten trägt man stabile Lederschuhe oder Stiefel (wenn man mag, auch mit Stahlkappen).

Arbeitskleidung: Hemdsärmel sollten immer zugeknöpft sein und das Hemd in der Hose stecken. Lose Zipfel geraten zu leicht in irgendeine Maschine. Ich trage schwere Arbeitshosen aus Leinen.

Handschuhe: Wann immer man ein scharfes Werkzeug benutzt, das vielleicht abrutschen kann, sollte man Handschuhe tragen. Sie behindern zwar die Geschicklichkeit, aber sie stellen dafür Geschicklichkeit auch in der Zukunft sicher. (Wem das nicht einleuchtet, der möge nur einmal die Narben am linken Zeigefinger von rechtshändigen Holzhandwerkern betrachten.)

Augenschutz: Sicherheitsbrillen sind stets beim Arbeiten mit Elektrowerkzeugen zu tragen und auch für jegliche Werkstattarbeit zu empfehlen. (Vor einigen Jahren sprang mir die Axtklinge in meine Brille, so daß ich mir Glassplitter aus dem Auge entfernen lassen mußte.)

Belüftung: Bauen mit Wildholz gehört wahrscheinlich zu den umweltverträglichsten Arten Holz zu verarbeiten. Dennoch fällt beim Sägen, Formen und Schleifen von Holz auch immer Staub an, weshalb der Arbeitsraum gut belüftet sein muß (erst recht, wenn Lacke oder stark riechende Mittel zur Oberflächenbehandlung eingesetzt werden).

Notfälle: Die Nummern des örtlichen Notfalldienstes, der Krankenhäuser, Polizei und Feuerwehr sollten gut sichtbar neben dem Telephon hängen.

Sicherheitseinrichtungen: Feuerlöscher, eine Wasserquelle und ein Erster-Hilfe-Kasten müssen leicht zugänglich sein.

2.07 Selbstgebaute Holzklüpfel

2.08 Barry Gregson's Rundholzmacher in Aktion

Über alte, selbstgemachte und seltene Werkzeuge

Sobald man sich mit den Grundwerkzeugen vertraut fühlt, ist ein Messer nicht mehr einfach ein Messer und damit austauschbar. Vielleicht zieht man eine breite Klinge einer spitzen vor, oder man schleift sich sogar seine eigene Messerspitze am Schleifstein zu. Ich selbst benütze schöne altmodische Werkzeuge wie eine Zugbank sowie Ziehmesser und ein Hohlbohrer, um bestimmte Möbel zu bauen.

Bob Hansson fing mit dem Möbelbauen in seinem Appartement in der West Side von New York City an. In seiner jetzigen Werkstatt im ländlichen Maryland verwendet er viele Werkzeuge, die er selbst hergestellt hat. Da er Schmied ist, gibt er auch Kurse über das Anfertigen von Werkzeugen.

Barry Gregson aus Schroon Lake, New York, benutzt bei seiner Arbeit eine große Zahl von Stech- und Hohlbeiteln, Hobeln, Ziehmessern und Hohlbohrern. Aber sein selbstgefertigtes Lieblingswerkzeug ist sein Rundholzmacher - ein großer Holzklotz mit einem großen Loch darin, über welchem ein Stück Eisen befestigt ist (Seite 117). Das Metall hat Löcher mit verschiedenen Durchmessern. Gregson setzt z.B. ein frisch gespaltenes, eckiges Stück Eiche über das Loch im Eisen und treibt es mit einem Klüpfel einfach durch. Ein runder Stift mit genau dem gerade gewünschten Durchmesser wird dann auf der Unterseite des Holzklotzes ausgeworfen.

Thomas Phillips aus Tupper Lake, New York, baut die meisten seiner Möbelstücke an einer niederen Werkbank (wie diejenige, die in dem Buch von John Alexander beschrieben ist, *Make a Chair From a Tree: An Introduction to Working Green Wood.* Taunton Press, 1978). Phillips sagt, „Die einzige Änderung, die ich vornahm, bestand darin, daß ich an einer Seite eine billige Holzzwinge angebracht und oben eine Reihe von 25 mm-Löchern für meine Dübel und Keile gebohrt habe. Ich verwende Dübel und Keile für fast alles, was ich festhalten muß."

Der Zusammenhalt: Wildholzverbindungen

Die wichtigste Regel beim Verbinden von Ästen, Stöcken und Stäben ist, daß es eigentlich so gut wie keine Regeln gibt, sondern nur Ideen und Vorschläge. Es gibt auch keine echten Probleme, sondern nur Gelegenheiten. Und man kann eigentlich keine Fehler machen, sondern nur Abwandlungen.

Bei der Arbeit an einem Objekt oder vielleicht schon im Vorfeld kann man sich überlegen, wie sich die Form ändert, wenn man längere oder kürzere, dünnere oder dickere Holzstücke verwendet. Ein Stuhl mit einer doppelt so breiten Sitzfläche wird zur Bank. Ein kleiner Schemel könnte zum Hocker oder vielleicht auch zum Tischchen werden. Natürlich sind dabei wahrscheinlich ein paar Stützen zusätzlich anzubringen, damit er stabil bleibt. Die Art der Verstrebung prägt die Form des Objektes. Man muß lokker bleiben und bereit, die Pläne zu ändern. Die Materialien führen einem sozusagen die Hand, wenn man es zuläßt. Das ist eine der faszinierenden Erfahrungen beim Bauen mit Wildholz.

Und jeder Wildholzwerker entwickelt mit der Zeit seine eigene, unverwechselbare Art zu bauen, wie leicht aus den Fotos in diesem Buch zu erkennen ist. Anhand der folgenden Bauanleitungen, Projekte verschiedener Möbelbauer, können die grundlegenden Verbindungs-Techniken geübt werden.

Genagelte Verbindungen

Es gibt viele Möglichkeiten, Holz an Ort und Stelle zu halten. Nageln ist die einfachste und beliebteste Methode und für sehr viele Anwendungen ausreichend. Das Bauen mit feuchtem Holz, vor allem das Arbeiten mit gebogenen Weiden, muß getan werden, solange das Holz grün und biegsam ist, deshalb ist Nageln wirklich die einzige Art, diese Stücke zusammenzuhalten.

Bei genagelten Verbindungen ist es meist sinnvoll, vorzubohren, bevor die in Leim getauchten, verdrehten oder gerillten Nägel eingeschlagen werden. Wenn man etwas tiefer vorbohrt, kann man, wenn das Holz endlich trocknet und schrumpft, den dann freiliegenden Nagelkopf in seine endgültige Position eintreiben.

Genagelt wird mit einem Hammer oder mit einer elektrischen (oder sogar pneumatischen) Nagelpistole. Es geht ziemlich schnell und hält gut, aber vielen Leuten gefallen genagelte Verbindungen nicht, weil sie an die billigen Möbel im „Zigeunerstil“ erinnern. Es gibt als gute Alternative auch Ziernägel zu kaufen, die dem Möbelstück ein durchaus ehrwürdiges Aussehen verleihen (z.B. nach historischen Vorlagen gefertigte Ziernägel oder geschmiedete Nägel oder auch welche aus Kupfer).

Für den Anfang werden im folgenden einige einfache Projekte aus genagelten Hölzern vorgestellt.

Bau eines Wildholzspaliers

von Bobby Hansson

Im Frühjahr beschloß meine Frau, Ackerwinden zu pflanzen. Dazu benötigten wir ein Spalier, an dem sie wachsen sollten. In den örtlichen Gartencentern fanden wir aber nur solche, die häßlich, teuer oder beides zugleich waren. So kam ich auf die Idee, selbst ein Spalier aus Wildholz zu bauen.

Dazu trug ich einen Armvoll geeigneter Äste an eine ebene Stelle im Garten und fing an, mit verschiedenen Arrangements zu spielen. Als Zentralstück wählte ich die Gabel eines Maulbeerbaumes, die ich letztes Frühjahr geschnitten und zu einer großen Schleife gebogen und gedreht hatte, damals mit der Idee, eine Art großes Netz anzufertigen.

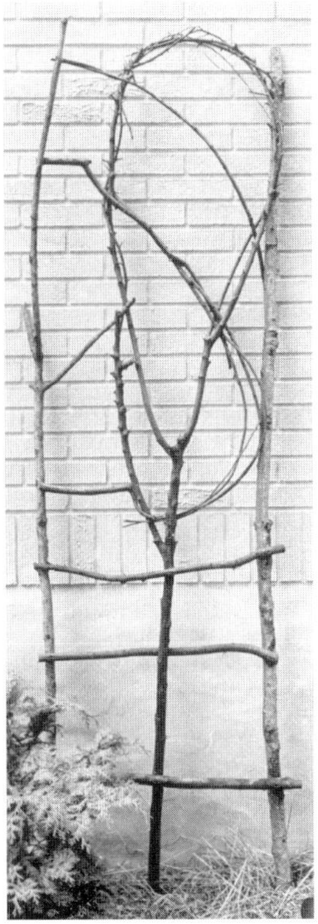

Immer wenn ich auf lange, gerade, grüne Zweige stoße, die erst kürzlich geschnitten wurden, flechte und webe ich sie am liebsten sofort in interessante Formen und hänge sie im Holzschopf zum Trocknen auf. Sie lassen sich im grünen Zustand leicht biegen, sind nach dem Trocknen überraschend stabil, und man kann sie für eine Menge unterschiedlicher Projekte benutzen.

Für das Spalier legte ich die große Schleife in die Mitte und ordnete mir passend erscheinende Äste um sie herum an. Ich nahm drei kurze Äste für die unteren Sprossen und ein paar gebogene Maulbeerruten, um einen Bogen zu formen und das obere Ende zusammenzubinden. Die Querstreben versuchte ich so nahe beieinander zu plazieren, daß die Triebe daran klettern konnten, jedoch weit genug auseinander, um ein plumpes Aussehen zu vermeiden.

Ich nagelte die unteren Sprossen an die senkrechten Hölzer (einige auf die Unterseite, einige auf die Oberseite, um der Konstruktion mehr Stabilität und ein interessanteres Aussehen zu geben). Beim Nageln benutzte ich den Kopf meines Vorschlaghammers als Unterlage und bog auch gleich die Nagelspitzen mit um, die hinten austraten. Einige der oberen Äste waren zum Nageln zu dünn, ich habe sie deshalb mit Draht zusammengebunden.

Die Äste, die zur Verfügung stehen, und der persönliche Gestaltungssinn bestimmen das Aussehen des fertigen Spaliers. Jedenfalls sieht alles besser aus als diese langweiligen Gitter aus dünnen Latten, die es zu kaufen gibt. Man braucht sich also nicht zurückzuhalten. Ein solches Spalier ist so schnell und leicht zu bauen, daß man es jedes Jahr von neuem tun kann.

2.09
Spalier

2.10 (rechts)
Dünne Äste werden mit Draht zusammengebunden

2.11 (ganz rechts)
Beim Nageln dient der Kopf des Vorschlaghammers als Unterlage

Beistelltisch im Blockbaustil

von Margaret Craven

Dieser Tisch mit genagelten Verbindungen kann in beinahe jeder Größe gebaut werden. Die folgende Anleitung beschreibt den Bau eines kleinen Beistelltischchens. Für einen größeren Tisch könnten zwei, drei oder vier solcher Würfel mit etwa 70 cm Kantenlänge miteinander verbunden werden.

Die Verbindung mache ich so, wie ich es bei meinem Großvater, einem Bauern, gelernt habe. Und zwar verzichte ich beim Zusammennageln darauf, Löcher vorzubohren und benutze für das nasse Holz Eisennägel, weil die rosten und sich dadurch besser mit dem Holz verbinden, wenn es trocknet.
Zum Bauen ist jedes Holz geeignet. Es sieht schön aus, wenn man für die Tischfläche andersfarbige Äste verwendet.

Materialien:

- *Etwa 40 Aststücke, 35 cm lang mit 2,5 - 4 cm Durchmesser*
- *3 Aststücke, 45 cm lang mit 2,5 - 4 cm Durchmesser*
- *Etwa 40 Ruten mit ca. 12 mm Durchmesser*
- *1 Schachtel mit kleinen Eisennägel*

Anleitung: Zwei der kürzeren Äste werden parallel zueinander auf den Boden oder auf die Werkbank gelegt und zwei weitere quer darüber, so daß ein Quadrat entsteht. Dann werden die Äste miteinander vernagelt und weitere Lagen darüber gelegt, bis die gewünschte Höhe erreicht ist. Als oberer Abschluß werden die drei längeren Aststücke parallel auf den Tischunterbau genagelt (siehe Abbildung unten) und auf diesen Aststücken die dünnen Ruten als Tischfläche befestigt. Es ist also ziemlich einfach.

Abwandlungen: Wird statt des Würfels als Grundform ein langes Rechteck gewählt, erhält man eine originelle Liege. Der Würfel kann umgedreht als Übertopf für draußen dienen, entsprechend groß ließe er sich auch als Kompostbehälter einsetzen. Es ist auch denkbar, statt die Astenden miteinander zu vernageln, die übereinander geschichteten Astenden vorzubohren und auf Draht aufzufädeln. Wird auf den Unterbau eine Glasplatte gelegt, erhält man ein elegantes

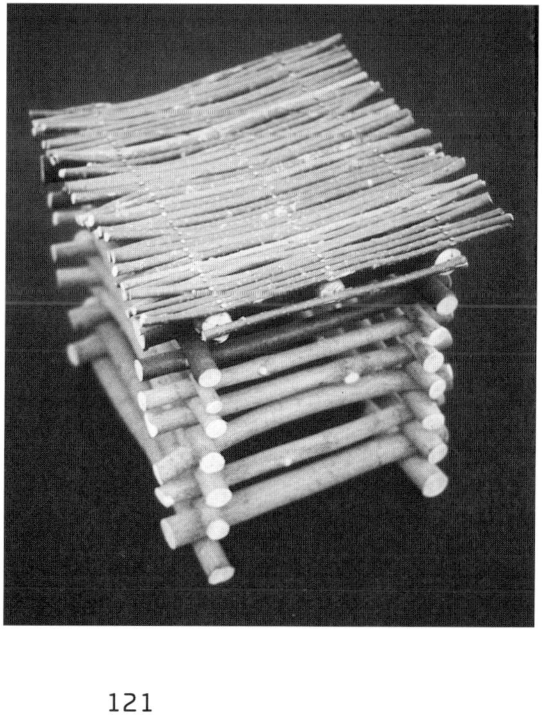

2.12 Beistelltisch im Blockbausstil

2.13 bis 2.15
Die Nagellöcher werden vorgebohrt, um ein Reißen des Holzes zu verhindern

Tischchen (siehe Seite 22). Man könnte die Äste an ihrem Kreuzungspunkt auch einkerben, um sie etwas dichter und blockbaugemäßer zu legen. Und natürlich muß die Grundform nicht quadratisch sein: Warum nicht rechteckig, dreieckig oder fünfeckig?

Hocker aus entrindeten Ästen

von Daniel Mack

Materialien:

- *4 Pfosten, 35 cm lang mit 5 cm Durchmesser*
- *8 Sprossen, 35 cm lang mit 2,5 cm Durchmesser*
- *40 mm lange Kammnägel*
- *25 mm lange Breitkopfstifte*
- *3 Leisten für die Sitzfläche*

Anleitung: Zwei Sprossen werden so auf zwei Pfosten gelegt, daß sie jeweils 5 cm Abstand von den Enden der Pfosten haben und gleichzeitig etwa 2,5 cm über sie hinausragen (siehe nebenstehende Abbildungen). Eine Sprosse wird fest auf den Pfosten gedrückt und durch die Sprosse hindurch in den Pfosten gebohrt. Einen Nagel in dieses Loch treiben, den Vorgang an den anderen drei Verbindungsstellen wiederholen und auf diese Art die Hölzer für den Unterbau zusammenfügen (siehe Abb. 2.14 und 2.15).

Die Diagonalverstrebungen sind zur Standfestigkeit sehr wichtig. Außerdem wird der Hocker stabiler, wenn man auch die überstehenden Sprossen miteinander vernagelt (vorbohren!). Wem es nicht zu viel Arbeit macht, kann die Sprossen auch noch an den Stellen einkerben, wo sie die Pfosten berühren. Die wesentliche Maßnahme zur Aussteifung genagelter Verbindungen sind jedoch diagonale Verstrebungen.

So erklären sich auch die tollen Rautenmuster, die interessanten Eckverstrebungen und der verdrehte, wurzelige Schmuck, der üblicherweise an Wildholzmöbeln zu finden ist. Alles hat eine Funktion! Um die Verbindung zu versteifen, muß zwischen horizontalen und vertikalen Elementen ein diagonales Stück in die Konstruktion eingefügt werden.

Dem Hocker fehlt jetzt nur noch die Sitzfläche. Für eine weiche Sitzfläche könnten ein Seil, starker Stoff oder Polstergurte um die oberen vier Sprossen gewoben werden. Da es aber eher ein Tritthocker werden sollte, hatte ich mich für einen harten Sitz entschieden. Ich fand ein 5 cm dickes Holz mit ziemlich gerader Maserung und spaltete davon mit der Axt und dem Klüpfel drei Leisten ab (Abbildung links unten). Ich schnitzte sie eben, rundete ihre Kanten ab und nagelte sie dann auf die oberen Sprossen.

Abwandlungen: Die Grundversion des Hockers kann für eine Vielzahl von Dingen verwendet werden. Verlängert man die Pfosten und fügt mehr Diagonalen hinzu, erhält man einen hohen Hocker oder einen Beistelltisch. Wird die Sitzfläche vergrößert, wird daraus eine Bank oder ein Kaffeetisch. Verlängert man zwei der Pfosten nach oben, wird das Objekt zum Stuhl ...

Andere Frischholzverbindungen

Anstelle der Nägel lassen sich auch andere Verbindungselemente wie z.B. Gipskartonschrauben verwenden. Man kann sie versenkt anbringen und die Schraubenköpfe abdecken. Schloß-, Schlüssel- und Gewindeschrauben können benutzt werden, um die

***2.16 (links)* Spalten von Sitzleisten**

***2.17 (Mitte)* Der Bohrer sollte etwas kleiner sein als der verwendete Nagel**

***2.18 (rechts)* Übliche Verbindungselemente für größere Stücke: Schloßschrauben, gewindeschrauben, Schlüsselschrauben und Gipskartonschrauben**

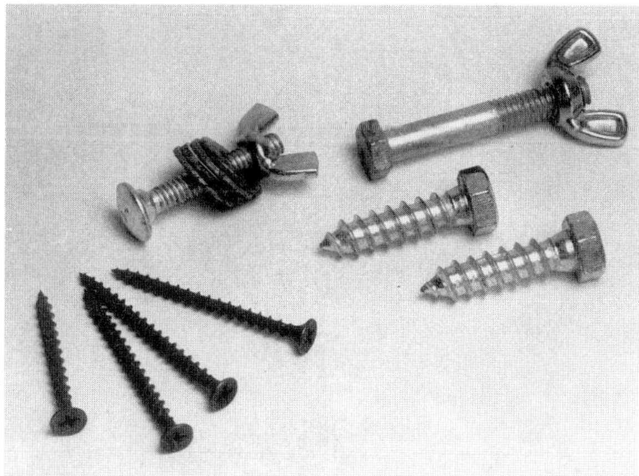

Konstruktion des Möbelstücks zu betonen. Gewöhnlich werden sie beim Bau von Gartenmöbeln aus Wildholz verwendet. Die beiden letzteren Verbindungselemente drükken und halten das Holz fester zusammen als Nägel, trotzdem geben sie der Konstruktion manchmal keine ausreichende Stabilität. Dann muß man gegebenenfalls diagonale Streben hinzufügen. Ist die Verbindungsfläche groß genug, kann sie auch mit mehreren Verbindungselementen gesichert werden.

Verzapfte Verbindungen

Die Verzapfung ist die fachgerechte Art, Äste miteinander zu verbinden. Dafür wird aus einem sehr trockenen Stück Holz ein Zapfen (oder Pflock) geschnitzt, entweder rund oder quadratisch, der genau in ein Loch entsprechender Größe hineinpaßt. Zu Schwierigkeiten kann es kommen, wenn Zapfenloch und Zapfen nicht ganz trocken oder nicht ausreichend stabil sind. Denn wenn ein feuchter Zapfen beim Trocknen im Zapfenloch schrumpft, ist das Resultat ein wackliger Stuhl.

Eine Lösung dieses Problems besteht darin, für den Zapfen trockeneres Holz (viel trokkener) zu wählen als für das Bauteil mit dem Zapfenloch. Beim unvermeidlichen Trockenvorgang schrumpft das feuchtere Holz mit dem Zapfenloch stärker als das Zapfenholz, so daß das Loch den trockeneren Pflock fest umklammert. Das wird „nasse Verbindung“ genannt.

Bei dieser Art der Verbindung ist das richtige Schneiden des Zapfens die komplizierteste Technik, die beherrscht werden muß. Er muß fest in das Zapfenloch passen. Das Schneiden guter Zapfen ist eine Herausforderung und eine Kunst, die geübt werden kann. Zapfen lassen sich mit verschiedenen Werkzeugen herstellen:

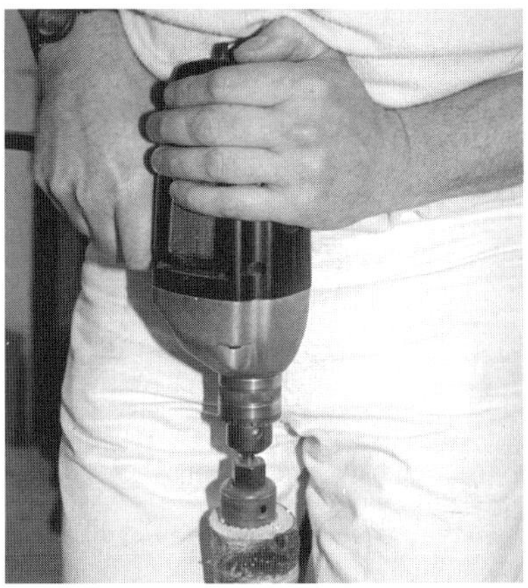

2.19 (links)
Das einfachste Werkzeug zum Zapfenschneiden

2.20 (Mitte)
Zapfenschneiden mit einer Lochsäge

2.21 (ganz rechts)
Der von der Lochsäge stehengelassene Kragen wird entfernt

Das **Taschenmesser** ist meist mein Favorit. Es ist die naheliegende Wahl für die ersten Versuche im Zapfenschnitzen und eignet sich gut für feines, vorsichtiges Formen. Es erzeugt auch schreckliche Schwielen an den Händen und es dauert gewöhnlich zu lange, um damit eine größere Stückzahl herzustellen. Aber Taschenmesser sind leicht zu transportieren, billig und einfach handzuhaben.

Ein **Beil** kann zur Herstellung grober Zapfen benutzt werden und ist für Zapfen an Stammholz oder für das Vorformen von Zapfen an stärker dimensionierten Ästen dem Messer vorzuziehen. Die Zapfen sind gewöhnlich ziemlich lang und reichen oft durch das Zapfenloch im Gegenstück hindurch. Die überstehenden Enden werden dann z.B. verkeilt oder mit einem Querstift gehalten.

Säge, Stechbeitel und Raspel werden als Dreierkombination von den meisten Leuten in meinen Kursen bevorzugt. Alle drei Werkzeuge sind billig und überall erhältlich, sofern sie im Werkzeugkasten nicht sowieso bereits vorhanden sind. Mit der Säge wird die Sprosse an der Stelle am Umfang leicht angeritzt, wo der Zapfen anfangen soll. Dann wird das Holz vorsichtig weggestemmt, bis der Zapfen fast die richtige Größe besitzt. Die endgültige Form wird mit der Raspel (oder sogar mit einem Taschenmesser) hergestellt.

Die **Lochsäge** ist eine erfindungsreiche, wenngleich grobe Art der Zapfenherstellung mit einem elektrischen Werkzeug. Das Sprossenmaterial muß fest eingespannt sein oder im Schraubstock gehalten werden, und die Lochsäge wird in die Ständer- oder Handbohrmaschine gespannt. Der Zapfen wird hergestellt, indem man in das Ende des Stockes bohrt. Der zurückbleibende Kragen wird anschließend mit der Handsäge ringsherum abgeschnitten.
Warnung: Lochsägen haben große Zentrierbohrer, um sie im zu schneidenden Material zu führen. Bei großen Zapfen – etwa ab 2,5 cm Durchmesser – stört das Zentrierloch das Gefüge des Zapfens nicht weiter, es kann später mit einem 6 mm Dübel verschlossen werden. Bei kleineren Zapfen besteht allerdings die Gefahr, daß zu viel Holz aus dem Zapfeninneren entfernt und der Zapfen geschwächt wird. Zu beachten ist, daß sich die Durchmesserangaben bei Lochsägen auf den äußeren Durchmesser des entstehenden Lochs beziehen. Der Zapfendurchmesser entspricht dagegen dem Innendurchmesser der Lochsäge.

Scheibenschneider oder Pfropfenbohrer sind im Prinzip und Aufbau ähnlich wie Lochsägen, aber ein präziseres Schneidewerkzeug, das auch kein Zentrierloch im Zapfen zurückläßt. Die Maßangaben beziehen sich hier auf den Innenschnitt. Manchmal muß der äußere Kragen mit einer Säge weggeschnitten werden.

Hohlbohrer und Speichenspitzer sind als Kombination kaum zu schlagen. Mit diesen Werkzeugen stellten um die Jahrhundertwende die meisten Schreiner ihre Zapfen her. Beide passen in die übliche handbetriebene Brustleier. Der Speichenspitzer spitzt - wie ein großer Bleistiftspitzer - das Holz soweit an, bis es in den Hohlbohrer paßt,

dessen beide Klingen perfekte Zylinder (Zapfen) in verschiedenen Durchmessern herstellen.
Beide Werkzeuge sind noch erhältlich, allerdings wohl nur im Gebrauchtwerkzeughandel. Wenn sie in Ordnung gebracht und wieder geschärft sind, lassen sich mit ihnen ausgezeichnete Zapfen herstellen. Ihr Einsatz sorgt für gute Armmuskeln. Man muß auch bereit sein, kleine Klingen schärfen zu lernen, und einige Zeit darauf zu verwenden, dieses hübsche alte Werkzeugpaar wieder gut in Schuß zu bringen.

Ein **Rundschneider** ist eine frühe, handgehaltene Form des Hohlbohrers. Er besteht aus einem Stück Hartholz mit einem Loch darin und einer angeschraubten Klinge. Man hält es in der Hand und dreht es um das Ende des vorher angespitzten Stockes. Es erzeugt schöne Zapfen. Am schönsten aber ist, daß der Rundschneider wieder hergestellt wird und über Firmen, die feine Holzwerkzeuge vertreiben, bezogen werden kann. Sie bieten auch einen Speichenspitzer an, mit dem sich aber nur Material bis zu einer Stärke von 2,5 cm verarbeiten läßt. Die meisten Wildholzmöbel erfordern jedoch größere Querschnitte, deshalb muß man einen alten Speichenspitzer auftreiben oder lernen, wie man die Äste mit der Axt oder mit dem Messer anspitzt, ehe man den Rundschneider oder den Hohlbohrer verwendet.

2.22 (rechts oben) Speichenspitzer und Hohlbohrer

2.23 (rechts unten) Hohlbohrer, eingespannt in eine Brustleier

2.24 (ganz rechts) Elektrischer Zapfenschneider

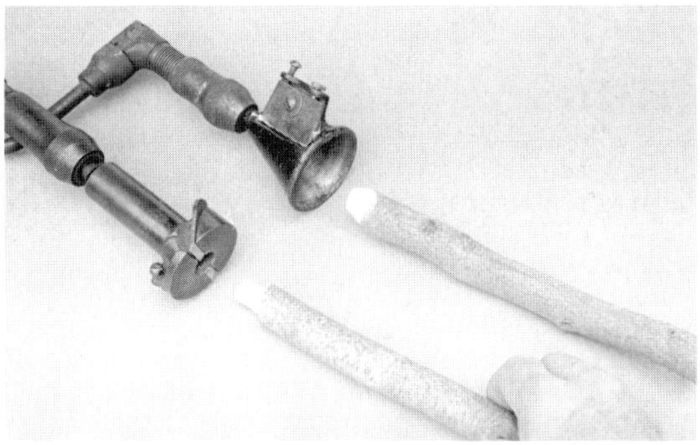

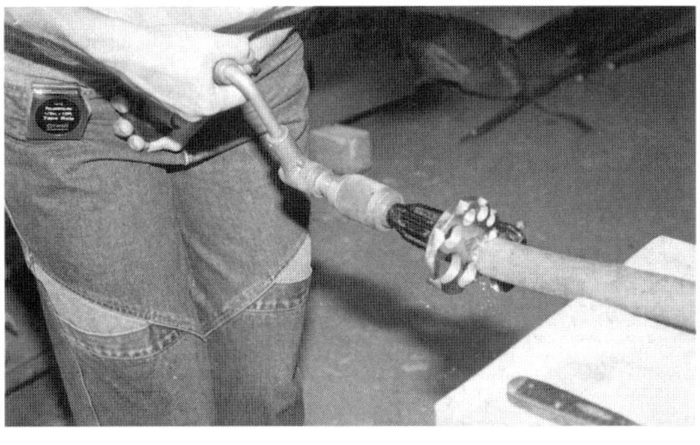

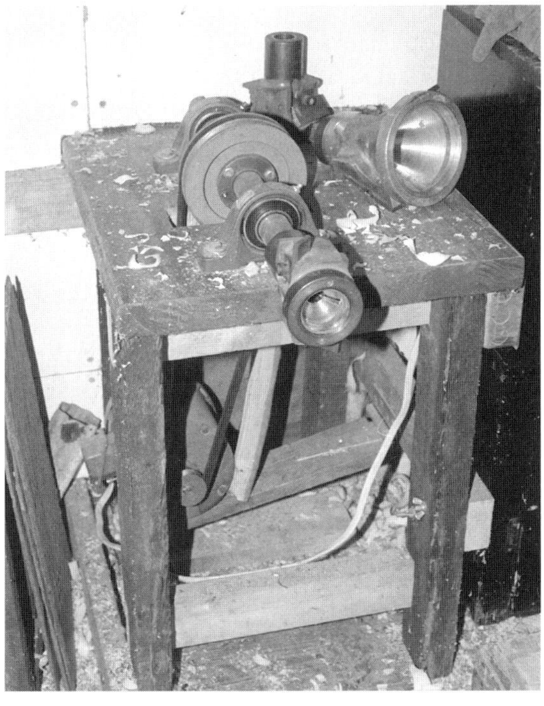

Eine **Drechselbank** kann auch zum Zapfenschneiden verwendet werden, ist aber ein großes, teures Werkzeug, mit dem ich sehr wenig Erfahrung habe. Auf einer Stangendrechselbank stellte ich schon brauchbare Zapfen her. Manche Wildholzwerker spannen ihren Hohlbohrer in das Drehbankfutter und führen den Ast auf den Bohrer zu. (Vorsicht: Es kann passieren, daß Hohlbohrer das Holz durch die Werkstatt schleudern).

Ein **elektrischer Zapfenschneider** ist wahrscheinlich für den Hobby-Wildholzbauer nicht nötig (und auch zu teuer). Ich selbst benütze ihn aber für meine Zapfen. Für eine beträchtliche Summe Geld besitze ich nun eine motorgetriebenes Gerät mit einem Kopf aus Grauguß, das die Funktion des Speichenspitzers und des Hohlbohrers in sich vereint. Derartige Maschinen werden auch von Stuhlfirmen verwendet. Solche speziellen Elektrowerkzeuge läßt man sich am besten von einem Mechaniker anfertigen lassen.

Das Zapfenloch

Die Herstellung der Zapfenlöcher ist – verglichen mit dem Schneiden von Zapfen – ganz einfach. In den meisten Fällen verwendet man einen scharfen Bohrer, der in der Brustleier oder in eine Bohrmaschine eingespannt wird (siehe Kapitel "Werkzeuge" Seite 112 ff.)

2.25 und 2.26
Werkstattbilder

Wildholzprojekte mit verzapften Verbindungen

Die folgenden Projekte bieten eine gute Gelegenheit, sich weiter mit den handwerklichen Techniken des Bauens mit Wildholz vertraut zu machen und Fertigkeiten zu vertiefen. Das erste Projekt ist hauptsächlich eine Übung im Löcherbohren und Zapfenschneiden. Bei den darauffolgenden Projekten können weitere Verbindungstechniken und der Zusammenbau vorgefertigter Elemente kennengelernt werden.

Plattenhocker

von Daniel Mack

***Materialien**:*

- *Massives Brett, etwa 30 cm lang, 20 cm breit und 5 cm dick*
- *4 Äste (Beine), etwa 22,5 cm lang mit 2,5 cm Durchmesser*
- *Leim*

Anleitung: Auf der Unterseite des Brettes wird jeweils ein Punkt in etwa 4 cm Abstand von jeder Ecke markiert. Das Brett wird fest eingespannt, um an den Markierungen vier 2,5 cm tiefe Löcher mit 19 mm Durchmesser zu bohren.

Die Enden der vier Beine schnitzt man zu runden Zapfen mit 19 mm Durchmesser und 2,5 cm Länge, idealerweise haben die Zapfen die Form eines Zylinders. Bei einer guten Passung muß ein klein wenig Kraft aufgewendet werden, um den Zapfen in das Loch einzuführen. Wenn alle Zapfen passen, werden sie in die Löcher geleimt. Für einen besseren Sitz könnten die Beine auch von oben verkeilt werden: Dazu bohrt man die Zapfenlöcher durch das Brett hindurch. Die Zapfenenden werden auf der Sitzfläche bündig abgeschliffen, und ein Keil in das sichtbare Ende des Zapfens quer (um ein Splittern des Brettes zu vermeiden) zur Maserung des Brettes eingeschlagen.

Dann wird der Hocker fein abgeschmirgelt, auch alle überschüssigen Leimperlen abgekratzt. Zur Oberflächenbehandlung wird eine Mischung aus gekochtem Leinöl und Terpentin mit einem Lappen auf das Holz

2.27 und 2.28 Plattenhocker

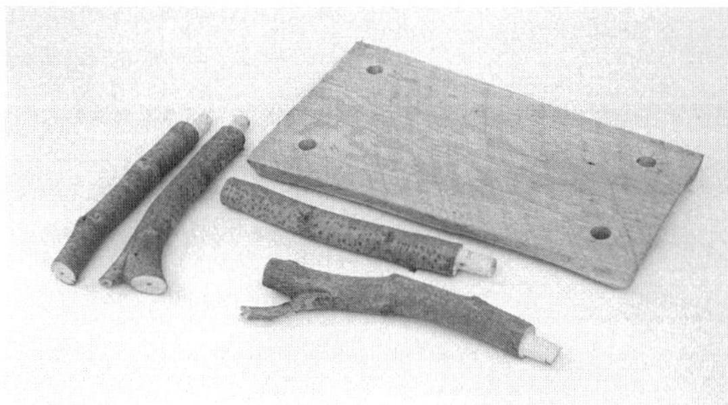

aufgetragen (überschüssiges Öl dabei gleich wieder entfernen).

Abwandlungen: Wird die Form länger, höher, breiter gewählt, dann wird der Plattenhocker zur Bank, zum Hocker, zum Tisch ... Je nach Geschmack könnten die Holzteile auch farbig gestrichen werden (wird anschließend geschliffen, erhält das Teil ein „echt antikes" Aussehen!) oder die Sitzfläche des Hockers gepolstert, die Kanten mit einem Umleimer aus Rinde versehen und, und, und ...

Ein schneller Schemel

von Daniel Mack

Vorgefertigte Elemente:

Jeder Wildholzbauer, den ich kenne, hat seine eigene Art der Möbelherstellung. Manche fangen so an, daß zunächst alles Holz auf einem Haufen liegt; dann nehmen sie Ast für Ast und bauen ein Möbelstück daraus. Ich selbst baue mit Elementen, füge also zuerst eine Seite zusammen, verleime sie und lasse sie trocknen. Dadurch wird aus diesem Satz Einzelteile beim nächsten Schritt ein einzelnes Teil. Ich versuche immer, mit so wenigen Teilen wie möglich zu bauen. Das ist sehr hilfreich für eine Ausgewogenheit zwischen den Elementen eines Stuhles. Das folgende einfache und schnelle Projekt führt in die grundlegenden Techniken ein, die auch beim Nachbau eines Wildholzstuhles zur Anwendung kommen.

Materialien:

- *4 Stützen 12,5 cm x 5 cm,*
- *2 Sprossen 22,5 cm x 2,5 cm*
- *2 Sprossen 30 cm x 2,5 cm*

Seitenteile: Aus dem Holzvorrat werden gerade Stücke für alle Teile ausgesucht, die Stützen und Sprossen sodann sauber und rechtwinklig auf Länge geschnitten. Die 4 Stützen werden 10 cm vom unteren Ende entfernt markiert, eingespannt und mit einer 19 mm weiten und 2,5 cm tiefen Bohrung versehen. Die Enden der beiden 22,5 cm langen Sprossen werden zu 2,5 cm langen Zapfen mit 19 mm Durchmesser geschnitzt. Wie schon erwähnt: Der ideale Zapfen hat die Form eines Zylinders und ist gerade groß genug, um stramm in die Bohrung zu passen (er knarrt beim Zusammensetzen). Die Zapfen werden mit Leim bestrichen und eingepaßt.

Zusammenbau des Schemels: An jedem der beiden Seitenteile werden die Stützen 7,5 cm vom unteren Ende entfernt markiert, eingespannt und mit einem 2,5 cm tiefen Loch (19 mm Durchmesser) versehen. Die Enden der 30 cm langen Sprossen werden zu 2,5 cm langen Zapfen mit ebenfalls

2.29
Schneller Schemel

2.30 bis 2.33
Eliza Mack, die achtjährige Tochter des Autors, baut einen kleinen Beistelltisch

19 mm Durchmesser geschnitzt. Sie müssen sehr genau in die Bohrung passen. Dann werden die Zapfen eingeleimt und mit den Seitenteilen verbunden. Das Gestell des Schemels ist nun fertig, jetzt muß nur noch eine Sitzfläche, z.B. aus gewobenem Gurtband aufgebracht werden.

Hocker oder Tisch mit Gabelfuß

von Daniel Mack

Beim Holzschneiden im Wald findet man immer wieder eine Astgabel, die sich – je nach Größe – als Fuß für einen Tisch oder für einen Hocker geradezu anbietet. Daraus läßt sich einfach und schnell (Arbeitszeit etwa 1 Stunde) ein schöner Wildholzhocker oder -tisch bauen, der durch seine Form die Herkunft aus dem Wald sehr deutlich zeigt.

Materialien

- *ein Brett, mindestens 20 cm x 20 cm, 5 cm dick*
- *eine stabile, drei- oder vierzinkige Gabel eines Baumes oder eines Schößlings, etwa 25 cm hoch, mit 4 cm Durchmesser am Stammende*
- *Leim*

Anleitung: Die einzelnen Äste der Gabel werden grob nach Augenmaß auf gleiche Länge abgeschnitten. Dann wird die Gabel so auf die Werkbank gestellt, daß alle Ast-„beine" auf dem Tisch stehen, außer dem längsten, das über die Tischkante ragt (Abb. 2.35). Die Oberkante des Tisches zeigt dann an, wie viel von dem Ast noch abgeschnitten werden muß, um ein stabiles Fußteil zu erhalten.

Auf der Unterseite des Brettes wird die Mitte markiert, das Brett fest eingespannt und mit einem 19 mm weiten und 2,5 cm tiefen Loch versehen. Das Stammende der Gabel wird zu einem passenden 2,5 cm langen Zapfen mit 19 mm Durchmesser geschnitzt und in die Bohrung eingeleimt. Um die Stabilität zu erhöhen, kann der Zapfen auch nach oben verlängert und verkeilt werden. Dazu wird das Zapfenloch durch das Brett hindurchgebohrt und nach Einpassen des Zapfens ein Keil von oben in den Zapfen eingeschlagen (damit das Brett nicht splittert, quer zur Maserung).

2.34
Hocker mit Astgabel als Fuß

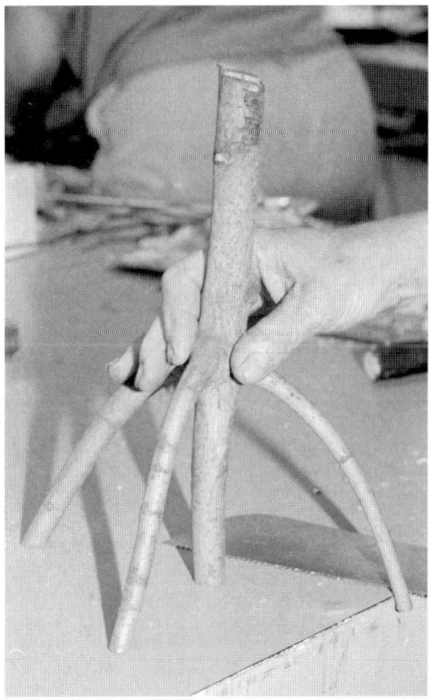

2.35
Die Beine, d.h. die Zweige der Astgabel, werden auf die richtige Länge geschnitten

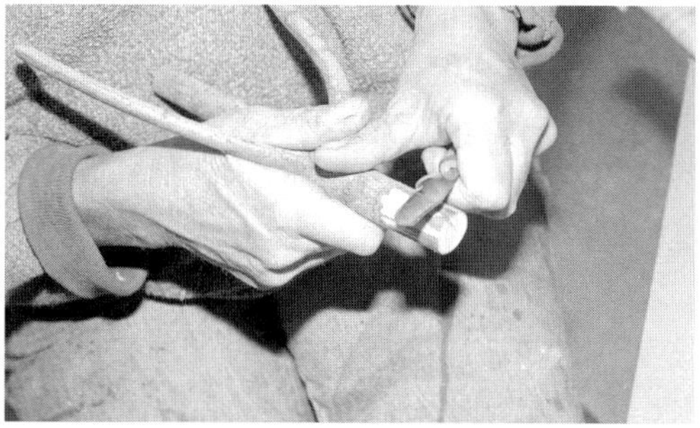

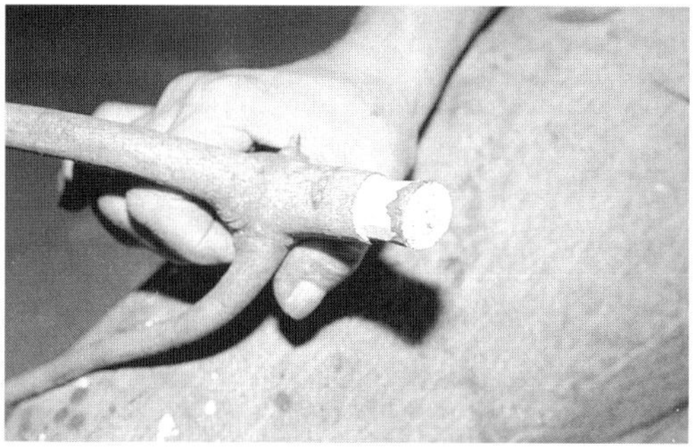

2.36 (oben)
Beistelltisch mit mehrerern Astgabeln als Fuß

2.37 und 2.38 (Mitte)
An die Astgabeln wird oben ein Zapfen geschnitzt

2.39 (rechts)
Baumscheibe als Hockersitz

Couch-Tisch

Barry Gregson aus Schroon Lake, New York, zeigt im folgenden einen Wildholz-Couchtisch, der stabil und einfach zu bauen ist und eine Vielzahl von Abwandlungen erlaubt (Abb. 2.41). Er kann mit sehr geraden oder völlig krummen Ästen ausgesteift werden. In kleinerem Maßstab kann er als Hocker dienen, mit einer größeren Platte z.B. aus einem gespaltenen Stamm als Bank und mit längeren (Ast-)Beinen als Tisch.

Materialien

- *1 trockene Holzplatte, etwa 75 cm lang, 20 - 35 cm breit und 5 - 6 cm dick (oder ein gespaltener Stamm)*
- *trockene Laubholzäste, ca. 5 cm Durchmesser*
- *12 mm Dübel*
- *Leim*

Anleitung: Mit einem Ziehmesser (oder Axt und Raspel) die Ecken und Kanten der Holzplatte abrunden. Aus den Ästen vier 49 cm lange Beine schneiden und an jeweils einem Ende 38 mm dicke und 5 cm lange Zapfen anbringen. Wer keinen Zapfenschneider hat, zeichnet mit einem Zirkel einen 38 mm Kreis auf das Hirnholz und schnitzt die Zapfen mit Messer oder Stechbeitel (der Bleistiftstrich soll dabei stehen bleiben).

Um eine stramme Passung sicherzustellen, nimmt man ein Abfallstück vom gleichen Holz wie die Tischplatte und bohrt ein 38 mm starkes Loch. An diesem Holz wird jeder Zapfen auf Paßgenauigkeit geprüft und so lange geformt, bis alle vier stramm und genau im Musterloch sitzen.

Nun wird auf der Unterseite der Holzplatte das erste Tischbein positioniert, und zwar so schräg, daß sein unteres Ende über die Breite der Platte hinausragt. Das gibt dem Tisch Standfestigkeit. An dieser Stelle wird nun im vorgesehenen spitzen Winkel ein 38 mm Loch fast vollständig (aber nicht ganz) durch die Platte gebohrt.

Nun wird das erste Tischbein gerade so weit in die Bohrung gesteckt, daß es darin stekken bleibt. Nach diesem Bein richtet man sich aus und wiederholt den Vorgang mit den übrigen drei Beinen. Dann werden alle Zapfen und Löcher mit Leim bestrichen und die Tischbeine fest eingeschlagen.
Mit einer Laubsäge schneidet man aus Ästen gleicher Stärke waagerechte Streben und kerbt jedes Ende passend zum Winkel der Beine ein (siehe Zeichnung). Dann werden die Streben parallel zur Platte positioniert, mit einem 12 mm Bohrer durch jedes Bein in die Enden der Streben gebohrt und die Streben mit 12 mm Dübeln und Leim an den Beinen befestigt.

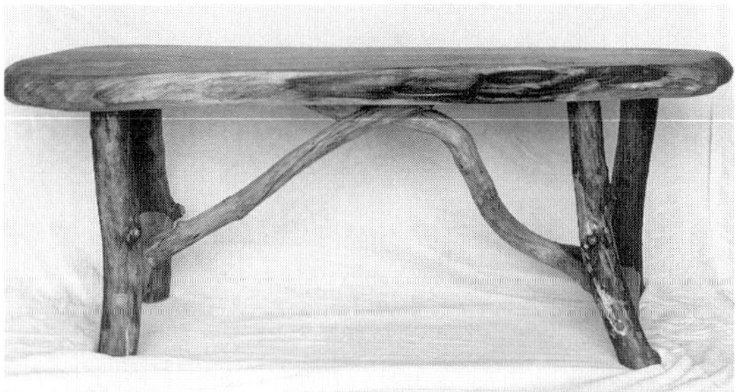

2.40 (ganz links) Mit einem Stück Abfallholz wird geprüft, ob der Zapfen paßt

2.41 (links) Couch-Tisch

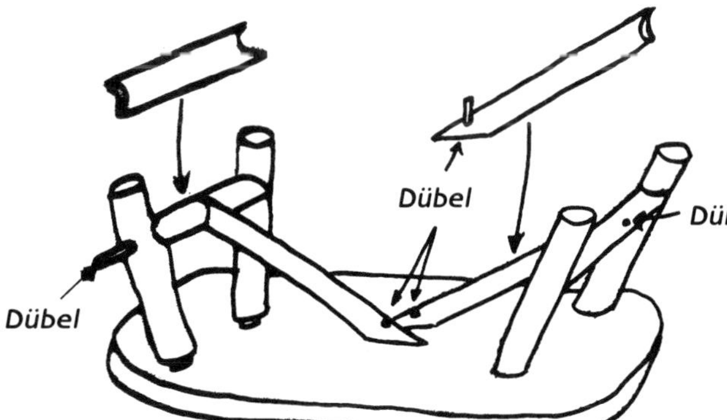

Für die diagonalen Streben werden Aussparungen an einem Ende (für die Beinverstrebung) eingekerbt und entsprechende Winkel am anderen (für die Unterseite des Tisches) geschnitten. Mit Bohrer, Leim und Dübeln befestigt man auch diese Streben.

Nun stellt man den Tisch aufrecht auf den Boden und unterlegt die kürzeren Beine so lange mit Holzscheibchen, bis die Platte waagerecht steht. Dann mißt man den Abstand zwischen Boden und der Unterseite des kürzesten Beines, markiert die anderen Beine in diesem Abstand vom Boden und schneidet sie entsprechend zu. Mit einem Stechbeitel werden anschließend die Schnittkanten gebrochen. Zum Abschluß wird die Tischfläche glattgeschliffen und das Holz oberflächenbehandelt.

Auf der Suche nach Daphne

Ja, das ist das Sinnliche am Wildholzstuhl: der Punkt, wo der Baum auf den Körper trifft, wo die Glieder eines Baumes zu Armlehnen eines Stuhles werden, wo sich der Stamm eines Baumes mit dem Leib eines Menschen verbindet, wo Moleküle ausgetauscht werden.

Wildholzstuhlwerker beschäftigen sich mit dem fruchtlosen Versuch, einen großen Moment aus der klassischen griechischen Mythologie ungeschehen zu machen. Nach der Legende verliebte sich Apollo, der Gott der Musik und der Heilkunst, unsterblich in die schöne Nymphe Daphne, die Tochter des Flußgottes Peneius. Apollo verzehrte sich vor Verlangen nach Daphne, aber sie verschmähte seine Aufmerksamkeiten. Sie floh in die Berge, und der liebestolle Apollo war ihr dicht auf den Fersen. Als er gerade im Begriff war, sie einzuholen, flehte sie ihren Vater um Schutz an. Er erhörte sie und verwandelte sie in einen Lorbeerbaum, der von Stund an zum heiligen Baum des Apollo und zu seinem Wahrzeichen wurde.

Seit sie zum ersten Mal mit Stöcken zu spielen begannen, versuchten die Wildholzwerker, die schöne Nymphe aus dem Baum zu befreien: die Arme, die Beine, ein Rücken, eine Vorderseite. Jeder Stuhl ist eine Verbindung von Schönheit, Funktion, Anmut, Frohsinn und Festigkeit. Aber jedem Stuhl scheint irgend etwas zu fehlen. Manche sind dem Ideal in Anmut, Lebendigkeit oder Bequemlichkeit näher als andere. Doch der totale, perfekte Stuhl bleibt so schwer faßbar wie Daphne selbst.

Nachbau eines Stuhles

Von Daniel Mack und Freunden

Seit 1986 gebe ich Kurse für den Bau von Wildholzmöbeln. Das ist die bequemste Art, einen Anfänger mit den unbekannten Herausforderungen bei Entwurf und Bau vertraut zu machen. Die zehn oder fünfzehn Teilnehmer in jedem Kurs schaffen eine familienähnliche, unterstützende Atmosphäre. Im folgenden berichte ich von einem Kurs, in dem die Teilnehmer lernen wollten,

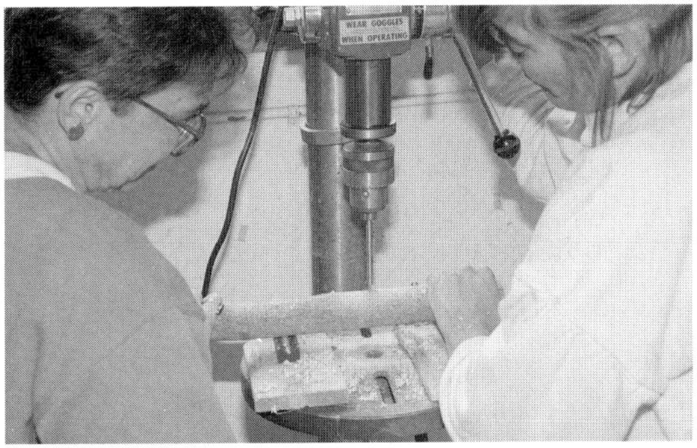

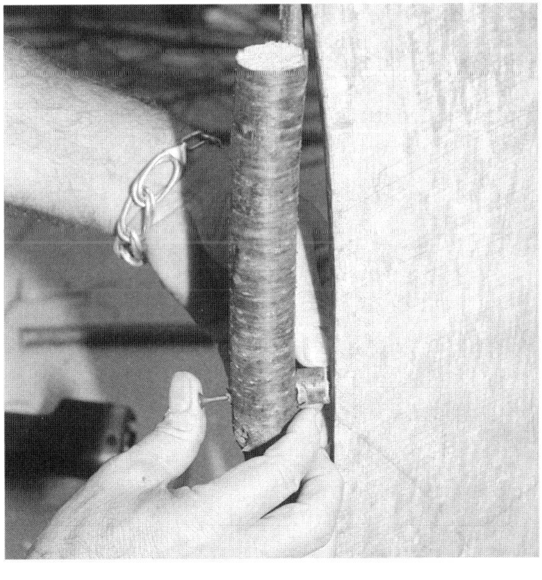

2.42 bis 2.46
Werkstattbilder:
Bohren – Nageln –
Zapfen schneiden

2.47 (oben)
Die Form des Stuhles muß stimmen

2.48 (Mitte)
Ein einfacher Spannknebel aus Schnur

2.49 (unten)
Spanngurte sichern den Stuhlrücken

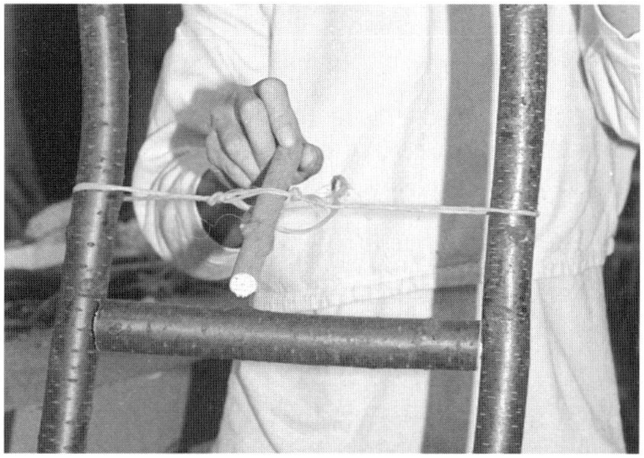

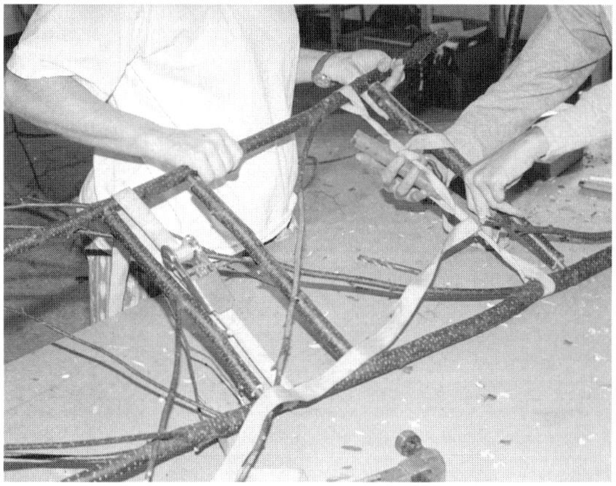

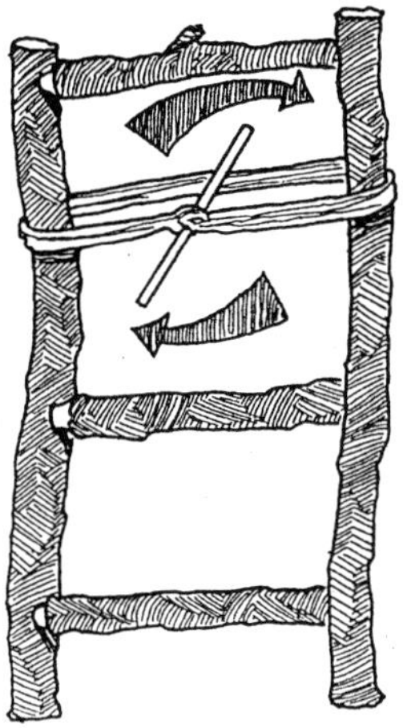

wie man einen Stuhl baut. Keiner der Teilnehmer war daran interessiert, einen eigenen Stuhl zu entwerfen. Sie wollten lieber auf erprobte Proportionen zurückgreifen und wählten daher einen meiner Stühle als Muster aus (Abb. 2.50).

Material:

Rücken

- 2 Äste, 107 cm lang, mit Bohrungen bei 15 cm, 38 cm, 45 cm und 99 cm
- 4 Sprossen, 43 cm lang

Vorderteil

- 2 Äste, 50 cm lang, mit Bohrungen bei 15 cm und 40 cm
- 2 Sprossen, 47,5 cm lang

Seiten:

- 4 Sprossen, 43 cm lang

Beim Bauen mit Wildholz ist ein gewisses Maß an Improvisation erforderlich. Nachdem aber das Holz ausgesucht ist, fällt es leichter, sich vorzustellen, wie der fertige Stuhl in etwa aussehen wird. In diesem Kurs fertigten die meisten Teilnehmer davon zunächst eine Skizze an.

Auch bei diesem Stuhl wird mit vorgefertigten Bauelementen gearbeitet. Zuerst werden die Teile für den Stuhlrücken zugeschnitten und miteinander verleimt, dann baut man das vordere Stuhlteil zusammen und anschließend werden die beiden Elemente durch die Seitensprossen miteinander verbunden.

Nachdem die gewählten Holzstücke am Boden ausgebreitet sind, werden in den angegebenen Höhen (siehe oben) Löcher hineingebohrt. Dazu spannten einige Kursteilnehmer ihr Holz in einen Schraubstock und bohrten die Löcher mit einer Handbohrmaschine, während andere eine Ständerbohrmaschine benutzten.

Der schwierigste Teil besteht darin, gute, starke Zapfen an den Sprossenenden herzustellen. Es sollten völlig runde Zylinder sein, von gleicher Größe wie die zugehörigen Löcher. In diesem Kurs nahmen die meisten Leute dafür Speichenspitzer und Hohlbohrer: Der Speichenspitzer spitzt das Sprossenende an, damit es in den Hohlbohrer paßt, mit dem man den Zapfen formt.
Nachdem die vier Sprossen für das Rückenteil zugeschnitten sind, wird der Stuhl „trocken", d.h. ohne Leim, zusammengebaut, um sein Aussehen zu prüfen. Das ist ein wichtiger Schritt beim Stuhlbau. Dabei kann man zum ersten Mal erkennen, wie aus einem Haufen Äste ein Stuhl entsteht und überprüfen, ob er so aussieht wie auf der Zeichnung geplant war.

Eine an dieser Stelle häufig vorgenommene Änderung besteht darin, kürzere oder längere Sprossen oder welche mit geringerem oder stärkerem Durchmesser zu wählen. In diesem Stadium läßt sich noch allerlei austauschen, auch die Streben für das Rückenteil. Eine der schönsten Aspekte beim Bauen mit Wildholz ist, daß Fehler oder Änderungen der Form keine zusätzlichen Kosten verursachen - es ist nur eine Sache der Zeit.

Ist das Rückenteil wunschgemäß gelungen, werden seine Einzelteile miteinander verleimt, indem sowohl Zapfen wie auch Bohrlöcher ein wenig mit Leim eingestrichen werden. Sollte ein Zapfen zu lose in seinem Bohrloch sitzen, kann man ihn in Sägemehl tauchen. Die meisten Holzleimsorten - der weiße und der gelbe - benötigen Druck beim Abbinden. Ich benutze dafür gewöhnlich einen Bandspanner oder einen Spannknecht. Im Kurs machten wir uns einfache Knebelspanner aus Wäscheleine (Abb. 2.48).

Das Rückenteil wird nun zum Trocknen beiseite gestellt – idealerweise über Nacht – und das Vorderteil auf die gleiche Art gebaut. Dann werden die Sprossen für die Seiten hergestellt. Ist auch das Vorderteil verleimt und getrocknet, werden die beiden Elementteile auf den Boden gelegt und die Löcher für die Seitensprossen gebohrt. Die Sitzfläche dieses Stuhls hat eine Trapezform, deshalb dürfen die Löcher für die Sprossen nicht im rechten Winkel gebohrt werden. Die Bohrungen im Vorderteil weisen leicht zur Stuhlmitte hin, während die Löcher im Rückenteil etwas nach außen zeigen.

Nachdem die Löcher gebohrt sind, werden die Sprossen (noch ohne Leim) angepaßt und eventuelle Korrekturen vorgenommen. Dann werden auch diese Seiten verleimt, zusammengespannt und zum Trocknen beiseite gestellt. Ist der Leim getrocknet, wird der Stuhl mit Schmiergelpapier (Körnung 150) leicht geglättet, um Schmutz zu entfernen und die Rinde anzurauhen. Wird die Oberfläche des Stuhles anschließend mit einer Mischung aus gekochtem Leinöl und Terpentin eingelassen, treten die satten, dunklen Farben aus der staubigen, bleichen Rinde hervor.

Auch wenn alle Kursteilnehmer den gleichen Stuhl als Modellvorlage benutzen, ist immer wieder erstaunlich, wie unterschiedlich die Stühle ausfallen - so unterschiedlich wie die Menschen, die sie gebaut haben.

2.50
Stuhl:
Daniel Mack, New York

Oberflächenbehandlung und Sitzfläche

Auch wenn das Gefüge des Wildholzstuhles zusammengeleimt ist, bleibt es noch immer kaum mehr als ein Haufen Äste. Erst mit der Oberflächenbehandlung des Holzes und dem Anbringen einer Sitzfläche nehmen die krummen Äste die Eleganz und Schönheit an, die sie zu einem schönen Möbelstück machen.

Oberflächenbehandlung

Sägen, raspeln und schmirgeln: Ohne Oberflächenbehandlung wirken Wildholzmöbel leicht rauh und unbequem, sie sollten aber das Gefühl vermitteln, das auch ein gut eingerittener Pferdesattel hinterläßt. Zuerst schaut man das Stück an. Ist seine Gesamtform ansprechend? Was ist zu kantig? Was könnte zu Verletzungen führen oder sieht nicht schön aus? Um dem Stück den letzten Schliff zu geben, greift man zum Werkzeug und schneidet oder schnitzt so lange am Stuhl herum, bis er einem gefällt. So werden die kleinen Ecken und Kanten entweder zu Schmuckelementen oder zu Sägespänen. Die Schnittkanten können mit einem Taschenmesser oder einer Raspel abgerundet und mit Schmirgelpapier oder einem Handschleifer geglättet werden. Vor der Oberflächenbehandlung werden alle Holzteile mit Schmirgelpapier leicht geglättet (Körnung 150) und gesäubert.

2.51 (rechts) Sitzfläche aus Gurtband

2.52 (ganz rechts) Sitzfläche aus Schnur gewoben

Ölen: Dann wird eine großzügige Lage Leinöl gemischt mit Terpentin aufgetragen. Das Terpentin hilft dabei, daß das Öl tiefer und schneller in die Zellen der Rinde eindringt. (Ein Bekannter von mir benützt Essig anstelle von Terpentin, quasi eine Art Wildholz-Salatsoße.) Die Ölmischung füllt die trockene Rinde aus und hilft, sie zu festigen, nachdem das Öl gehärtet ist. Anstelle von Leinöl ist nahezu jedes andere Öl ebenfalls geeignet. Beispielsweise habe ich Walnußöl für Kinderstühle verwendet, weil es ungiftig ist und auch nicht ranzig wird, ehe es trocknet. Ich habe auch normales Pflanzenöl versucht und sogar altes Motoröl, aber der Geruch von beiden war unerfreulich. Das Öl schützt nicht nur die Rinde, sondern läßt auch die Farbe satter und dunkler hervortreten, so daß es sich von den unbehandelten, grau-braun verblichenen Ästen deutlich abhebt.

Streichen: Viele Wildholzwerker, alte und junge, versehen ihre fertigen Stücke mit einem Farbanstrich. Je nach Standpunkt trägt ein Farbanstrich zur Schönheit des Möbelstücks bei oder verdeckt das Holz so sehr, daß sein Charakter verlorengeht. Vorteilhaft bei Farbanstrichen ist, daß das Bindemittel in der Farbe in die Rinde eindringt und hilft, sie zu versiegeln. Oft wird ein farbig gestrichenes Möbelstück noch einmal vorsichtig bis auf die Rinde abgeschliffen und dann mit Öl oder Klarlack versiegelt, um dem Wildholzmöbel einen Antik-Look zu verleihen.

Beizen: Beizen ist für Wildholz eine interessante Art der Oberflächenbehandlung, weil Beize anders als Farbe die Eigenheiten des Holzes durchscheinen läßt. Holz mit gebeizter Rinde wirkt sehr subtil. Gewöhnlich werden geschälte Hölzer gebeizt, oft sogar mit sehr kräftigen Farben. Das Resultat ist ein farbiges Möbelstück, das seine natürliche Maserung behält. Ich habe sowohl Beizen auf Wasserbasis als auch auf Alkoholbasis verwendet und die Oberfläche anschließend mit einer Versiegelung geschützt (Mehr zur Oberflächenbehandlung siehe Anhang II).

Die Sitzfläche

Es gibt viele Möglichkeiten, die Sitzfläche eines Wildholzmöbels zu gestalten: Man kann Äste oder gespaltenes Holz nebeneinander auf einem Rahmen befestigen, eine mit der Axt behauene Platte einsetzen oder auch sorgsam behandelte Holzstücke z.B. von Eiche, Ahorn oder Birke. Die Sitzfläche kann gepostert sein, oder aus Rattan, Bast und Peddigrohr geflochten werden. Gewobene Sitzflächen aus Schilf sehen schön aus, aber auch Seil, Leder und Stoffreste sind zum Weben verwendbar. Ich habe Sitzflächen aus Makramee gesehen und auch solche aus Kunststoffbändern, wie man sie an den Gartenmöbeln aus Aluminium findet.
Eines meiner Lieblingsmaterialien für Sitze ist das Shakerband, stabiles Gurtband, das in den USA in vielen Farben zu beziehen ist. Einen Sitz zu weben ist einfacher als es sich anhört. Man heftet einfach ein Ende des gewählten Materials hinten an die Unterseite des Gestells. Dann wird es außen um das Querholz herum nach oben geführt und so lange sorgfältig und dicht von vorne nach hinten um die Querhölzer herumgewickelt, bis die ganze Fläche ausgefüllt ist. So ist die

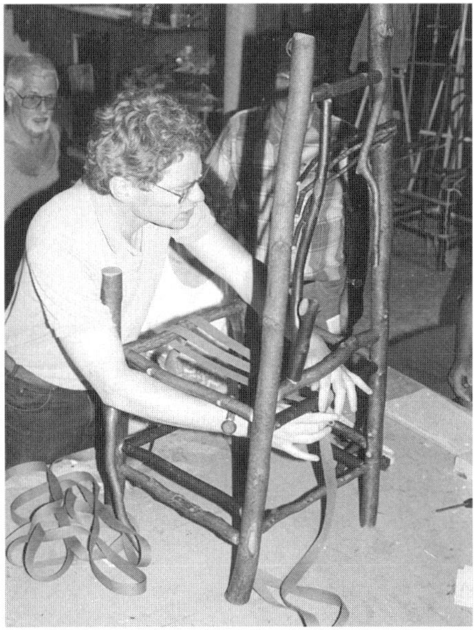

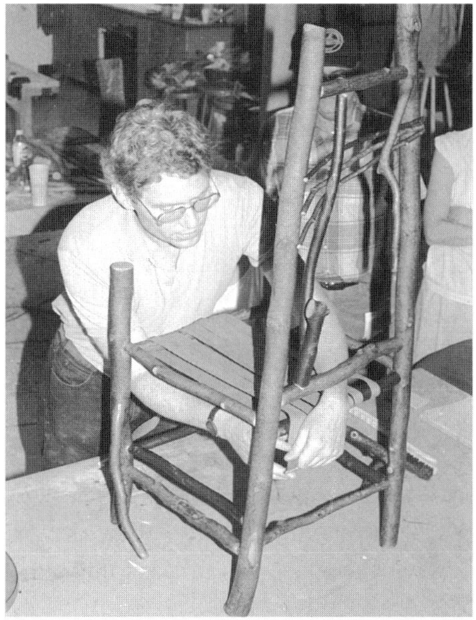

2.53 bis 2.55
Daniel Mack webt die Sitzfläche mit Gurtband

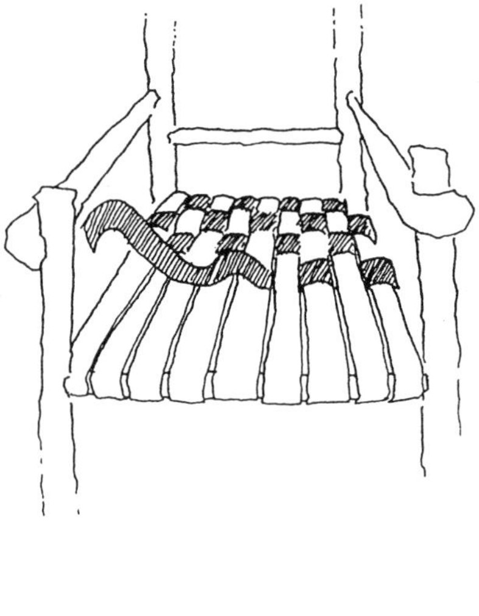

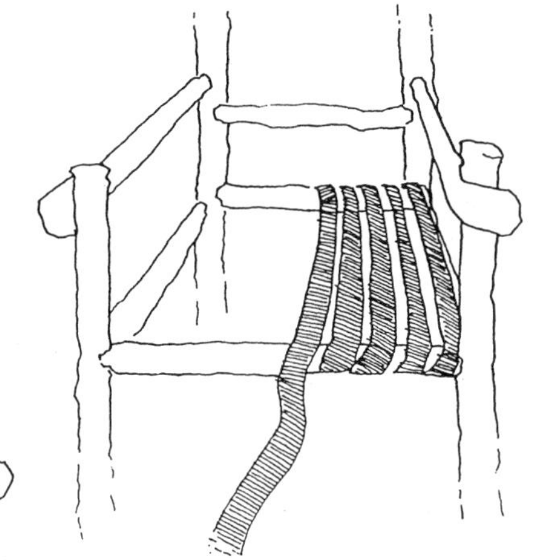

Eine gute Anleitung für Polster- und Flechtarbeiten bietet das Buch: „Möbelrestaurierung selbstgemacht" von George Buchanan, 1995, Augustus Verlag, Augsburg

"Webkette" erzeugt. Das Ende des Gurtes wird wieder an der Unterseite des Gestells festgeheftet. Wer will, kann jetzt ein Schaumgummipolster zwischen die obere und untere Lage der Kette schieben.

In der Mitte der hinteren Sitzstange wird nun unten die Kette ein wenig auseinandergeschoben und das Ende des Materials angeheftet, das als „Schuß" ausgewählt wurde. Man führt es unter der ersten Reihe durch, über die zweite, unter die dritte, über die vierte und so weiter bis zum anderen Querholz. Dort wird das Band über das Querholz nach oben geführt und mit der oberen Seite ebenso verfahren. Dasselbe wird neben der ersten Schußreihe auf der unteren Kette wiederholt, allerdings webt man diesmal über die erste Kettenreihe, unter die zweite und so weiter - so lange, bis die Sitzfläche ausgefüllt ist.

Michael Emmons aus Kalifornien beschreibt im folgenden den Bau eines Bugholzstuhls aus Weidenholz. Die ausladenden Kurven und scheinbare Masse von Weidenmöbeln lassen den Bau zunächst schwierig erscheinen, aber Emmons macht es mit dieser Anleitung und den Photos von einem Sommerkurs in Colorado ganz leicht:

Bau eines Weidensessels

von Michael Emmons

Werkzeuge: Für den Bau eines Sessels aus Weidenruten wird kein teures Sortiment an Werkzeugen benötigt: Hammer, Bohrmaschine, Bandmaß, eine Handschere, eine gute Handsäge und ein scharfes Messer sind ausreichend. Wichtiger ist, daß die Werkzeuge von guter Qualität sind, d.h. die Handschere sollte bequem in der Hand liegen und scharf bleiben und die Säge mühelos schneiden. Ich selbst verwende eine japanische Baumsäge. Sie arbeitet auf Zug und bleibt sehr lange scharf.
Eines meiner Lieblingswerkzeuge ist ein kleines japanisches Messer, das ich seit vie-

2.56 bis 2.68 Bau eines Weidensessels

len Jahren besitze. Es ist verteufelt scharf und liegt mir perfekt in der Hand. Ich kann damit schnell unebene Stellen glätten und sehr effektiv damit arbeiten, vor allem, wenn mein Aktionsradius beschränkt ist. Auch der Hammer sollte gut in der Hand liegen, so daß der Arm nicht so schnell erlahmt. Eine schnurlose Akkubohrmaschine ist zu empfehlen, denn wenn man bei der Arbeit ein Kabel hinter sich in der Werkstatt herziehen muß, kann einem das ganz schön auf die Nerven gehen.

Nägel: Weil das Weidenholz frisch ist, kann man nur Nägel, Schrauben oder Klammern zur Befestigung verwenden. Ich benutze beim Bauen Kammnägel aus Bronze. Bronzenägel rosten nicht in den feuchten inneren Weidefasern, sie lockern sich auch nicht und die warme Patina der Nagelköpfe trägt vorteilhaft zum Erscheinungsbild der Möbel bei.
Das Vorbohren der Nagellöcher ist sehr wichtig, denn beim Trocknen schrumpft die Weide eng um die Kammnägel. Ohne Vorbohren können die dünnen Weidenstäbe beim Trocknen leicht reißen. Die Löcher werden ein wenig kleiner gebohrt als der Durchmesser der Nägel ist und etwas tiefer. Dadurch lassen sich die Nägel noch etwas tiefer einschlagen, nachdem das Holz getrocknet und geschrumpft ist.

Sammeln: Das Sammeln der Weidenruten ist anstrengend, kann aber durchaus auch Spaß machen. Wenn ich draußen bin, um Weiden zu schneiden, schaue ich zuerst nach Material für das Rahmengestell, also nach Ästen mit einem Durchmesser von 3 cm bis 6 cm. Dann suche ich die kleineren

Stücke für Armlehnen, Rücken und Sitzfläche, das heißt Ruten mit einem Durchmesser von 2 cm bis 3 cm. Zum Schluß sammle ich noch jede Menge Holz zum Biegen, lange, schlanke, flexible Ruten, die wundervolle Kurven ermöglichen und die Weidensessel bequem machen.

Wenn ich alles zurechtgeschnitten und geordnet habe, kann ich meine Ruten auf die richtige Größe bringen. Für die Vorderbeine werden die dicken Enden der größten Äste in 30 bis 40 cm, für die hinteren Beine in 60 bis 75 cm lange Stücke geschnitten, je nach dem Stil des Sessels. Danach schneide ich für das Rahmengestell 60 cm lange Stücke aus 3 bis 3,5 cm starkem Material.

Rahmengestell: Die meisten Leute schauen sich die komplexe Form von Weidensesseln an und fragen sich, wie um alles in der Welt so etwas gemacht werden kann. Doch der Bau eines Weidensessels ist im Grunde eine verhältnismäßig einfache Sache. Zuerst wird das Rahmengestell gebaut und dazu fange ich mit den Seiten an. Jedes Vorderbein ist mit dem hinteren Bein durch zwei 60 cm lange Streben verbunden. Die obere Strebe wird zum hinteren Bein hin mit etwas Gefälle befestigt. Das ist wichtig, um später bequem sitzen zu können, denn durch diese Streben wird die Neigung der Sitzfläche bestimmt. Die hinteren Beine stehen nicht senkrecht, sondern sind leicht nach hinten geneigt.

Nachdem ich sicher gestellt habe, daß die linke und die rechte Seite des Rahmengestells zueinander symmetrisch sind, verbinde ich die beiden Seiten mit 60 cm lan-

gen Stücken - drei vorne und zwei hinten. Dann verstrebe ich das Gestell auf der Innenseite mit zwei Diagonalen, von der Oberseite des vorderen Beins ausgehend zur Unterseite des hinteren. Nun verbinde ich die oberen Enden der hinteren Beine mit einem 75 cm langen Stück. Damit ist das Gestell fertig, so daß anschließend die Armlehnen daran befestigt werden können. Zum Schluß sichere ich jede Verbindung durch zwei Nägel und wenn ich damit fertig bin, besitze ich ein solides Fundament, auf das der restliche Sessel aufgebaut werden kann.

Rücken und Armlehnen: Jetzt beginne ich damit, die dünneren, flexiblen Ruten anzubringen, beginnend mit den Armlehen. Die ersten Stücke - eines auf jeder Seite - bringt man an der unteren vorderen Querstrebe an und biegt sie mit Schwung um die Seite zu dem 75 cm langen Verbindungsstück an der Oberseite der hinteren Beine. Nachdem beide Ruten provisorisch befestigt sind, trete ich einen Schritt zurück und vergewissere mich, daß die Bögen auf beiden Seiten gleichmäßig sind. Es ist wichtig, ein gutes Auge für Symmetrie zu bekommen, denn die Präzision eines Bandmaßes bei der Arbeit mit einem so unregelmäßigen Material wie dieses kann in die Irre führen und womöglich dazu, daß der Sessel am Ende schief und krumm ist.

Wenn ich mit der Symmetrie der Seiten zufrieden bin, befestige ich eine Weidenrute nach der anderen an jeder Seite, wobei ich auf die Länge der Armlehne von vorne nach hinten etwa alle 15 cm einen Nagel einschlage, bis auf jeder Seite vier Ruten die Armlehnen bilden. Beim Anbringen der Ruten arbeite ich abwechselnd auf beiden Seiten, so daß die Spannung im Gleichgewicht gehalten wird. Wenn ich nämlich alle vier Armstücke zuerst auf einer Seite anbrächte, würde der Stuhl aus dem Gleichgewicht kommen.

Weidenruten verhalten sich wie Sprungfedern, solange sie grün sind. Erst wenn sie trocken sind, weicht die Spannkraft aus den Fasern. Das gilt es beim Bau von Weidenmöbeln zu berücksichtigen. Deshalb muß während des Bauens immer darauf geachtet werden, daß sich die konstruktiven Kräfte im Gleichgewicht befinden.

Sind die Armlehnen befestigt, forme ich aus langen Ruten (210 cm bis 240 cm) den Sesselrücken. Dabei arbeite ich wieder von einer Seite zur anderen und nagele in einem schönen, gleichmäßigen Bogen vier Ruten aneinander.

Sitzfläche: Nachdem nun auch der Sesselrücken gebaut ist, kommt die Sitzfläche dran. Zuerst nagele ich drei starre Querstreben (3 cm bis 3,5 cm Durchmesser) von einer Seite zur anderen über die Innenseite des Gestells. Eine Querstrebe liegt dabei direkt hinter den Vorderbeinen, die zweite etwa bei zwei Drittel der Sitztiefe von der Vorderkante entfernt und die dritte zwischen den hinteren Beinen in Höhe der Rükkenlehne (ungefähr an der Stelle, wo beim Sitzen die Taille anliegt).

Nun wird die Sitzfläche gebaut. Dazu verwende ich neun bis elf Ruten, etwa 12 mm bis 20 mm stark an ihrer Basis und 1,20 m bis 1,50 m lang. Ich nagele jede an die zwei Querstangen am Sitz, biege sie dann um und nagele sie an die beiden Querstangen im Sesselrücken. Meist forme ich die Ruten im Rückenteil zu einem Fächer und nagele sie oben an dem Bogen fest, der den Stuhlrücken abschließt. Ich nehme für den Bau eines Sessels zehn verschiedene Nagelgrößen, die kleinsten Nägel brauche ich, um die dünnen Weiden, die den Sitz und die Lehne bilden, oben an den Bogen zu nageln. Dann schneide ich alle überstehenden Rutenenden ab und – tatsächlich – vor mir steht ein Sessel! Wie gesagt, ein Weidensessel ist überhaupt nicht schwer zu bauen, wenn man dabei gleichmäßig vorgeht und immer abwechselnd an beiden Seiten arbeitet.

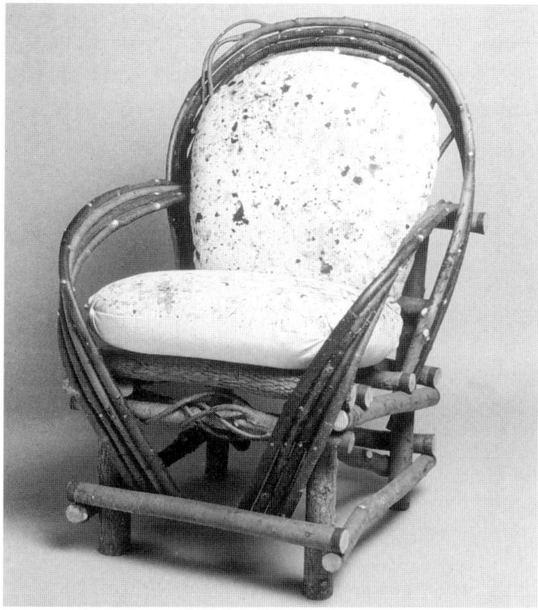

2.69
Weidensessel: Michael Emmons

Arbeiten mit Stammholz im Freien

Wer einmal entdeckt hat, wie einfach, billig und befriedigend das Arbeiten mit Wildholz ist, möchte sich vielleicht auch einmal an ein größeres Projekt im Freien wagen, sei es ein Holzzaun, ein Geländer für die Veranda, ein Gartenhäuschen oder eine Brücke über den Gartenteich. Der Wildholzbauer David Robinson aus New York City hat sich auf Wildholzobjekte im Außenbereich spezialisiert und ist bekannt für seine Arbeit im Central Park von New York City. Im nachfolgenden Artikel, den er ursprünglich für die Zeitschrift *Fine Gardening* , Ausgabe Mai/Juni 1989, schrieb, ging David Robinson auch auf die Techniken ein, die fast für jedes größere Projekt draußen benötigt werden.

Elementierter Laubengang aus Wildholz

von David Robinson

Vor acht Jahren koordinierte ich in New York City die baulichen Restaurierungen im Central Park. Dabei war ich auch mit der Erneuerung von Spalieren, Gartenhäuschen, Brücken und Bänken mit Stützen, Sprossen und Gitterwerk aus naturgeformten Baumstämmen und Ästen beschäftigt. Der Bau von stabilen und gut proportionierten Objekten setzt einen reichhaltigen Holzvorrat voraus, ebenso ein gutes Auge, die Fähigkeit, einfache Verbindungen herzustellen und schließlich ausreichend Geduld, bis das jeweils passende Stück gefunden und montiert ist. Meine Mannschaft und ich mußten auch ein starkes Rückrat haben - einige der Schutzhütten im Park hatten Stützen von fast 5 m Länge bei einem Durchmesser von 30 bis 38 cm.

2.70 Laubengang noch ohne Belaubung

Vor drei Jahren nun gründete ich meine eigene Holzbaufirma und habe seither neben einigen konventionelleren Aufträgen auch mit Wildholzarbeiten zu tun. Meine Vorgehensweise ist ganz einfach. Ich fertige eine grobe Skizze an, wähle in der Form und Größe geeignete Baumstämme und Äste aus, passe die Stücke an und baue sie mit Verzapfungen, Überblattungen und stumpfen Stößen zusammen, wobei ich gebräuchliche Befestigungsmaterial wie Nägel, Schlüssel- und Schloßschrauben verwende. Jeder Auftrag für ein Objekt aus Wildholz ist eine Einzelanfertigung. Wer aber gelernt hat, mit den Werkzeugen und Bautechniken umzugehen, wird alles bauen können, angefangen von Stühlen und Bänken mit Beinen im Durchmesser von zarten 7,5 cm Durchmesser bis hin zu geräumigen Gartenlauben mit Platz für sechs Leute.

Unlängst baute ich einen Laubengang aus Wildholz, bei dem fast alle relevanten Verbindungsarten und -techniken vorkamen. Meine Auftraggeber hatten gerade den weitläufigen Garten ihres Anwesens auf Long Island, New York, anlegen lassen. Das 2,5 ha große Grundstück in Form eines

2.71
Laubengang: Mittel- und Eckfelder wurden in der Werkstatt vorgefertigt, die Verbindungsfelder entstanden vor Ort.

1	Betonfundament
2	Ziergeländer
3	Eckfeld
4	Querriegel
5	Bank
6	Stütze

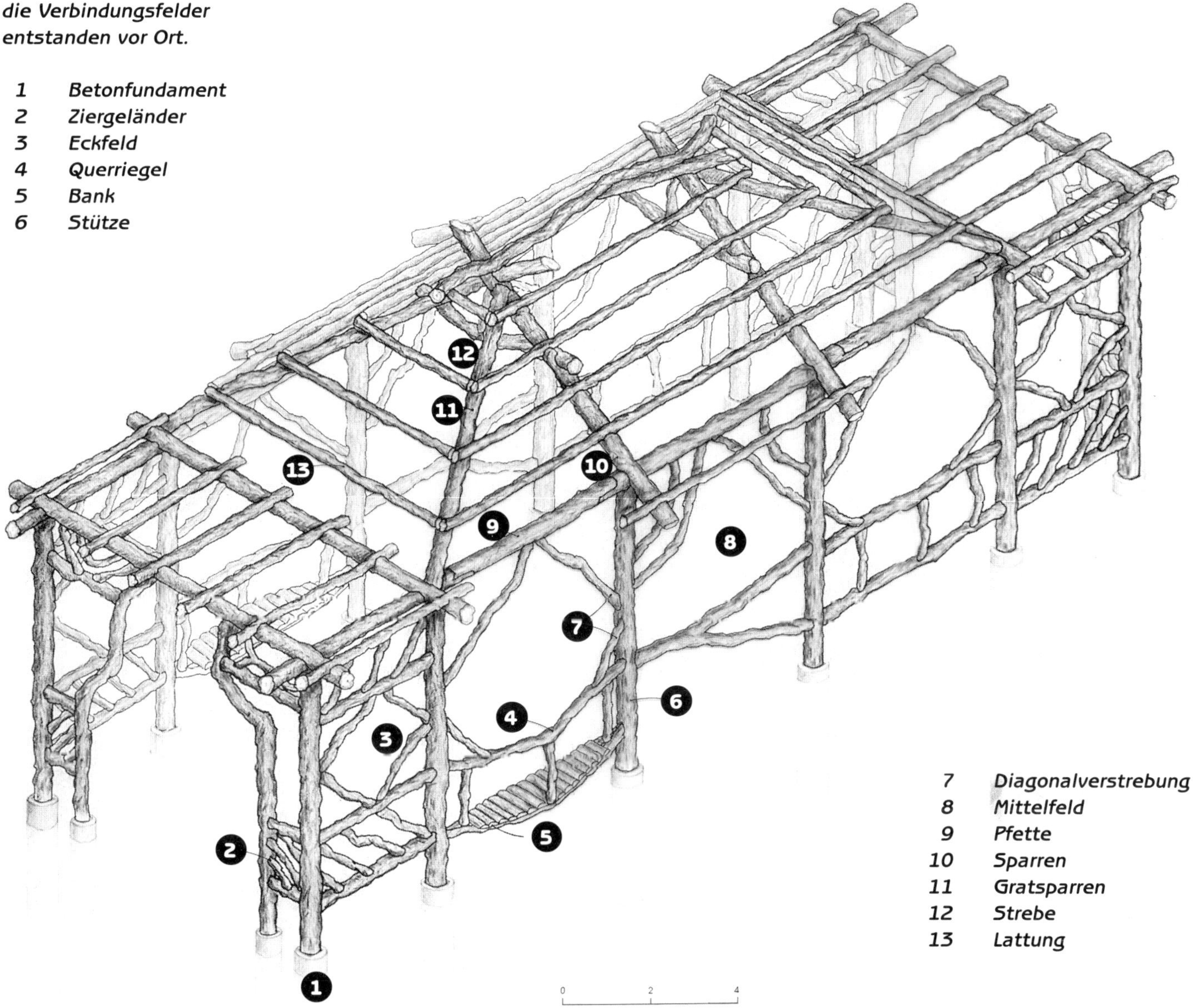

7	Diagonalverstrebung
8	Mittelfeld
9	Pfette
10	Sparren
11	Gratsparren
12	Strebe
13	Lattung

langgezogenen Rechtecks war an dem einen Ende mit einem schönen alten Farmhaus bebaut. Der Garten wurde in der Nähe des Hauses formal gestaltet und ging im Übergang zum Wald am anderen Ende des Grundstücks in einen Naturgarten über. Dort hatte der Landschaftsgärtner einen Teil der schwarzen Robinien gefällt und in der Lichtung einen Teich angelegt. Die Kunden beauftragten mich, einen Laubengang zu entwerfen und zu bauen, der einen geschwungenen Spazierweg zwischen dem formalen Garten und dem Teich bzw. dem Wald überdachen sollte, auch, um den Übergang zu betonen.

Entwurf des Laubengangs: Bei meinem ersten Besuch auf dem Grundstück besprachen die Auftraggeber und ich die Größe und Gestaltung des Laubengangs. Ich stellte einige Pfosten auf, um ein Gefühl für die passende Höhe und Breite zu vermitteln. Wir einigten uns darauf, daß der Laubengang eine Firsthöhe von 3 m über dem Boden erhalten sollte und eine Breite von 2,10 m bei einer Länge von 6,60 m. Wir legten auch fest, daß die Baukonstruktion leicht und luftig wirken sollte, um seitlich und nach oben hin das Gefühl von Offenheit zu erhalten.

Die Auftraggeber hofften, daß die gefällten Robinien bei dem Bau des Laubenganges Verwendung finden könnten. Die Bäume waren acht Monate zuvor entastet und die Stämme zu einem großen Stapel aufgeschichtet worden. Ich sah viele Zweige mit interessanten Formen für Verzierungen, aber kaum einigermaßen gerade Stämme für Stützen, Balken und Querriegel (schwarze Robinien wachsen anscheinend ziemlich krumm). Dennoch wollte ich viele Stücke aus dem Haufen verwenden, auch wenn die Pfosten, Riegel und Balken dann eben wellenförmig ausfallen würden. Ich hatte vorher noch nie mit schwarzer Robinie gearbeitet, fand aber das Holz ansprechend. Die Rinde von Robinien ist dunkelgrau mit tiefen Furchen, das Holz hat ein dichtes Zellgefüge und soll im Freien lange haltbar sein.

Eine Woche später stellte ich den Auftraggebern meinen Entwurf vor. Der Laubengang sollte aus elementierten Teilen zusammengebaut werden, und zwar aus jeweils drei Elementen für die Längsseiten und zwei gleichen Elementen für die Eingangsseiten. Ein Element ist aus zwei Stützen gefertigt, die mit einer Pfette oben und mit einem oder mehreren Querriegeln verbunden sind. Die Eckelemente sind ähnlich gebaut, bestehen aber aus drei L-förmig angeordneten Stützen. Im Prinzip können die einzelnen Bauteile der Elemente beliebig groß gewählt werden. Eine der Schutzhütten im Central Park in New York City z.B. hat Elemente mit 37 cm dicken Stützen und 15 cm dicken Riegeln, ich habe aber auch schon zierliche Elemente für Spaliere gesehen, die aus 5 cm starkem Material gebaut waren. Für diesen Laubengang wollte ich 15 cm starke Stützen und Pfetten verwenden und Riegel mit einem Durchmesser von ca. 10 cm. Ich schmücke meine Wildholzbauten gerne aus, deshalb skizzierte ich gebogene Äste als Streben zwischen Pfetten und

2.72 Laubengang: Details

1 Schloßschraube
2 Balken
3 Überblattung: Beide Balken werden bis zur Mitte mit einer Reihe von Sägeschnitten versehen, dann wird das Restholz entfernt und die Blattung mit dem Stechbeitel sauber ausgestemmt. Zur Befestigung dient eine Schloßschraube.
4 Zapfenloch
5 Balken
6 Schlüsselschraube
7 Verbindung zwischen Pfosten und Pfette. Die Pfette erhält ein Zapfenloch entsprechend dem Durchmesser des Pfostens. Die Schlüsselschraube wird versenkt.
8 Diagonalverstrebung: Die Strebe wird im Winkel geschnitten, bei Streben mit größerem Durchmesser werden die Enden zudem der Rundung der Pfosten angepaßt
9 Pfosten
10 Strebe
11 Verbindung zwischen Riegel und Pfosten: Bei kleinen Riegeln kann man mit einem Flachfräs- oder Dübelbohrer ein passendes Zapfenloch bohren. Bei größeren Riegeln muß man mehrere kleine Löcher bohren, den Holzrest ausräumen und mit dem Hohlbeitel bis zur Markierung ausstemmen. Den Riegel mit einer Schlüsselschraube befestigen. Das Senkloch sollte groß genug sein, damit der entsprechende Steckschlüssel hineinpaßt.
12 Die Strebe wird mit einem verzinkten Drahtstift an den Pfosten genagelt.
13 Riegel
14 Zapfenloch
15 Senkloch
16 Schlüsselschraube
17 Holzpfropfen
18 Verbindungen, bei denen sich Riegel und Pfosten gegenüber liegen: Mit einer tief versenkten Schlüsselschraube wird der erste Riegel befestigt, anschließend schneidet man das Zapfenloch für den zweiten Riegel
19 Der zweite Riegel wird an den Pfosten genagelt.
20 Schlüsselschraube
21 Zapfenlöcher
22 Pfosten
23 verzinkter Drahtstift
24 Sockel und Anker: Loch im Pfosten passend zur Gewindestange
25 Verzinkter Anker (Gewindestange mit quadratischer Stahlplatte)
26 Der Anker wird in die Mitet des noch nassen Betons gedrückt.
27 Das untere Ende der Röhrenform muß unter der Frostgrenze liegen, dann wird die Form mit Beton gefüllt

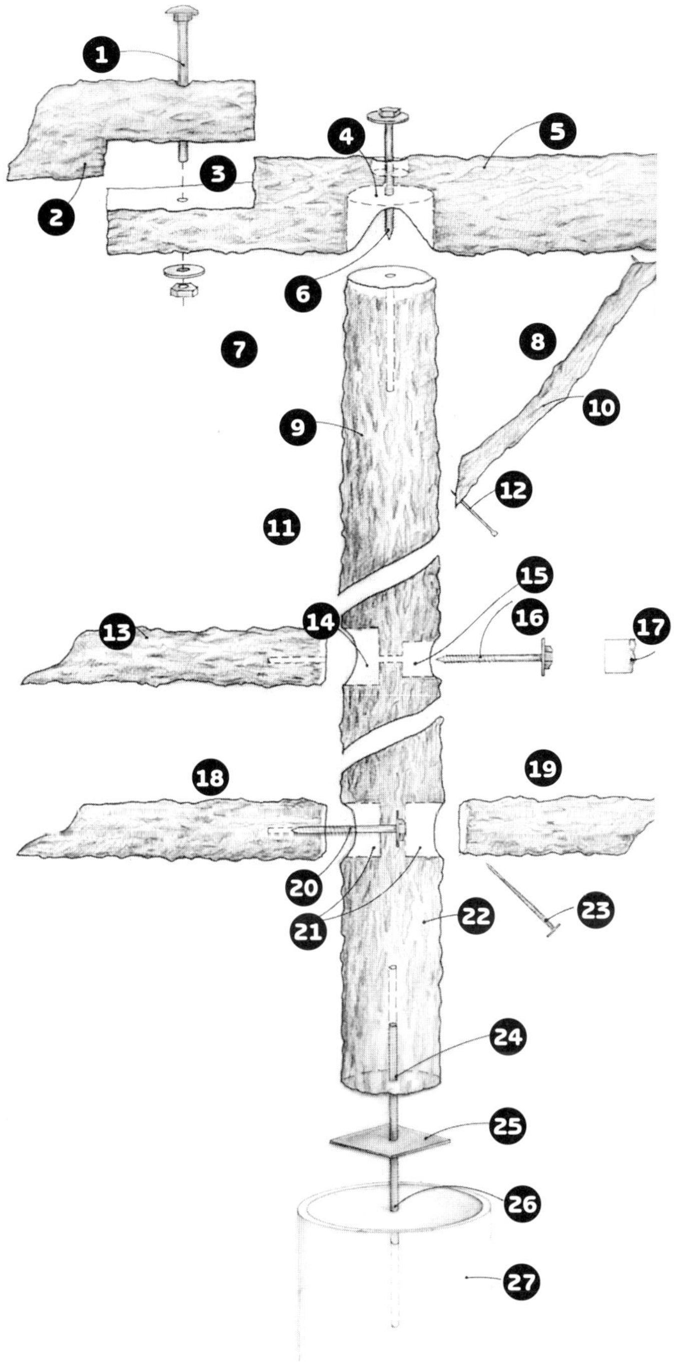

Stützen, so daß die einzelnen Felder wie Fenster wirken. Zwischen die Riegel fügte ich Sprossen aus 5 cm starken Ästen ein, manche von ihnen auch schräg.

Ich zeichnete Sparren und einen Firstbalken über dem Mittelteil des Laubenganges und fügte Gratsparren hinzu, um das Aussehen eines Walmdachs zu erzielen. Eine Lattung in weitem Abstand sollte die Sparren verbinden und den Eindruck einer Bedachung verstärken.

Die Auftraggeber genehmigten meinen Entwurf. Darauf durchsuchte ich den Stapel Robinienholz, wählte die Stämme und Äste aus, die mir brauchbar schienen und schnitt sie grob auf Länge zu. Alles in allem waren es drei Ladungen Holz, die ich mit meinem Pick-up in meine Werkstatt in Brooklyn, New York, fuhr.

Konstruktion: Bei meinen Wildholzbauten pflege ich so viele Teile wie möglich in meiner Werkstatt vorzufertigen. Ich passe die Teile an und baue sie probeweise zusammen, dann nehme ich sie ganz oder teilweise wieder auseinander und montiere sie vor Ort wieder von neuem. Dafür gibt es mehrere Gründe. Bei vielen meiner Aufträge sollen die Bauten 150 km oder noch weiter von meiner Werkstatt entfernt errichtet werden, deshalb versuche ich, die Zeit vor Ort zu begrenzen. Der Boden in meiner Werkstatt ist eben und fest. Mir steht Strom zur Verfügung, ausreichend Abfallholz für Verstrebungen und Hilfsvorrichtungen, und ebenso habe ich mein gesamtes Werkzeug an Ort und Stelle, auch das elektrische. Außerdem brauche ich mich nicht um das Wetter zu kümmern.

Als erstes sortiere ich die Stämme und Äste in Stützen, Pfetten, Riegel, Verstrebungen und Zierhölzer. Irgendwie behalte ich in der Werkstatt einen besseren Überblick über die Stücke, vor Ort verwandeln sie sich schnell in einen Stapel Brennholz. Bei diesem Auftrag baute ich in der Werkstatt die beiden Mittelelemente, die vier Eckfelder, zwei Sätze Riegel mit Sprossen und die beiden Bänke zusammen. Die übrigen Teile des Laubengangs schnitt ich vor Ort passend zu. Bei großen Konstruktionen wie dem Laubengang schneide ich generell an den Verbindungspunkten Zapfenlöcher in die Stützen, an denen die Enden der Riegel befestigt werden; ebenfalls schneide ich auch Zapfenlöcher in die Pfetten, die auf den Stützen aufliegen. Die Verbindungen sichere ich jeweils mit Schlüsselschrauben. Wenn sich zwei Teile überkreuzen, wie etwa die Sparren, überblatte ich sie in der Regel und befestige sie mit Schloßschrauben. Fortlaufende Pfetten verbinde ich an den Enden jeweils mit einer geraden Blattung und befestige sie ebenfalls mit Schloßschrauben. Wenn ein Balken einen anderen kreuzt, kehle ich den oberen Balken aus. Ich passe die Verbindungen sauber an, damit sie besser aussehen. Bei den Pfetten stemme ich das Zapfenloch mit einem Hohlbeitel passend zum Umfang der Stützen aus. Die Enden der Verstrebungen und Zierstücke schneide ich immer so zu, daß sie dem Verlauf der an sie stoßenden Teile angepaßt sind. (Bei einem Astdurchmesser von 5 cm oder weniger genügt ein Sägeschnitt für eine gute Paßform). Streben, Sprossen und Verzierungen werden mit Nägeln befestigt. Seit kurzem verwende ich Edelstahl-Nägel: gerillte für das Nageln quer zur Faser und Spiralnägel für Hirnholz. Bei verzinkten Nägeln sollte man die heißverzinkten wählen. Sie sind an den kleinen Vorsprüngen an der Oberfläche und Zinkstücken zu erkennen, so daß sie im Holz einen besseren Halt haben. Die galvanisch verzinkte Sorte ist völlig glatt. Verzinkte Nägel sind wesentlich preiswerter als die aus Edelstahl, aber sie rosten irgendwann und verfärben die Bauteile.

Wildholzbauten lassen sich mit wenigen einfachen Werkzeugen herstellen. Im Prinzip braucht man einen Hammer, mehrere größere Stech- und Hohlbeitel, eine elektrische Bohrmaschine und Bohrer, einige Steckschlüssel und eine gute Baumsäge. Eine kleine Motorsäge spart Zeit und Kraft, ist aber nicht unbedingt nötig. Zudem verwende ich eine Kreideschnur, ein Bandmaß und Filzstifte, um die Teile anzuzeichnen.

Für Zapfenlöcher bis zu 4 cm im Durchmesser benutze ich eine Bohrmaschine mit einem 10 mm-Bohrfutter und entsprechenden Flachfräsbohrern, ebenso für das Bohren von Löchern für Schloß- und Holzschrauben. Um Zapfenlöcher bis zu 7,5 cm Durchmesser herzustellen, ist mir eine Bohrmaschine mit 12 mm-Bohrfutter und Forstnerbohrer dienlich. (Vorsicht: Die 12 mm-Bohrmaschine hat viel Kraft und und kann einen Menschen aus dem Gleichgewicht bringen, wenn der Bohrer sich etwa an einem Astknoten verfängt oder im Bohrloch klemmt.) Um große, unhandliche Baumstämme zu fixieren, lege ich sie auf zwei selbstgezimmerte Kisten, an die ich oben dicke Klötze mit einer V-förmigen Kerbe angebracht habe.

Stechbeitel und ein Klüpfel sind meine Werkzeuge zum Formen und Anpassen. Ich verwende Hohlbeitel mit 12 mm bzw. 25 mm breiten Klingen und Stechbeitel mit Klingen zwischen 25 mm und 60 mm. Meinen Klüpfel habe ich aus dem Ast eines Apfelbaumes selbst hergestellt. Der Hohlbeitel eignet sich ausgezeichnet, um die Enden kleiner Teile zu bearbeiten und um Zapfenlöcher paßgenau anzufertigen. Es ist auch möglich, auf die Bohrmaschine ganz zu verzichten und von Hand runde Löcher mit dem Hohlbeitel und Klüpfel auszustemmen, aber das nimmt mehr Zeit in Anspruch als mir zur Verfügung steht. Um Überblattungen und Kerben herzustellen, bringe ich mit der Säge eine Reihe paralleler Schnitte auf und stemme das überschüssige Material mit dem Stech- oder Hohlbeitel weg.

In der Werkstatt bevorzuge ich Elektrowerkzeuge, da sie die Arbeit beschleunigen. Viele Zierstücke schneide ich mit einer Bandsäge. Mit einem kleinen Handschleifgerät, einer flexiblen Schleifscheibe und Schleifpapier mit Körnung 80 forme ich die Enden von Streben und Zierstücken.

Entwürfe ändern sich, wenn die Arbeit anfängt. Als ich mit dem Bau des Laubengangs anfing, konnte ich nicht ausreichend gerade Stämme für die verzierten Eingänge finden, deshalb nahm ich für die Stützen eines jeden Eckfeldes einen gekrümmten Stamm, der dem Eingang so etwas wie die Form eines Bogen verlieh. Das ergab einen hübschen Effekt.

Manchmal treten auch Änderungen auf, weil ich attraktive Stücke finde. Ich hatte gekrümmte Teile im passenden Durchmesser für die Querriegel zur Hand und beschloß, sie bei zwei Elementen anstelle der geraden Querstege einzusetzen, um Sitzbänke in den Laubengang einzufügen. Ein gekrümmter Ast wurde zur Rückenlehne, und für die linsenförmige Sitzfläche schraubte ich zwei Querriegel mit Schlüsselschrauben an. Die Querriegel für die Sitzfläche und den Rücken verband ich mit drei senkrechten Streben und halbierte Äste in ähnlicher Größe mit der Bandsäge der Länge nach für die Sitzbretter, die ich annagelte.

Für den Zusammenbau der Felder zwischen den Stützen benutzte ich eine Hilfskonstruktion, um einen gleichen Abstand zu gewährleisten. Dazu legte ich eine 120 cm x 240 cm große und 19 mm starke Sperrholzplatte auf den Boden und schraubte zwei Holzblöcke daran, die ich beide mit einem etwa 10 cm senkrecht herausstehenden starken Nagel oder einer 10 mm Schraube versah. Der Abstand zwischen diesen Nägeln oder Schrauben entsprach dem Abstand der beiden Stützen eines Feldes, von der Stützenmitte aus gemessen. Dann wählte ich stabile, einigermaßen gerade Stämme als Stützen und schnitt sie rechtwinklig und eben auf Länge, damit sie später gerade stehen. Als nächstes bohrte ich in die Mitte der Unterseite ein 10 mm weites Loch und stellte die Stütze auf den Nagel in der Sperrholzplatte. Dann richtete ich jede Stütze senkrecht aus, indem ich sie, wo nötig, mit Abfallstücken unterfütterte, die ich an Stütze und Sperrholzplatte nagelte. Dadurch wurden sie in der richtigen Position gehalten, solange ich an den Querriegeln und anderen Teilen arbeitete.

Die Querriegel mußte ich einzeln abmessen und zuschneiden, indem ich den Innenabstand zwischen den Pfosten maß und für den Sitz im Zapfenloch jeweils einige Zentimeter zugab. Für die Riegel des Laubengangs gab ich 10 cm zu. Dann schnitt ich die Riegel auf Länge, hielt ein Ende an die Stütze, an der er befestigt werden sollte, und zeichnete den Umriß mit einem Filzstift an. Mit einer Reihe von Löchern wurde das Holz innerhalb der Markierung grob entfernt, und zwar tief genug, um das Ende des Riegels aufzunehmen. Mit einem Hohlbeitel und dem Klüpfel wurde die Höhlung dann bis zur Umrißlinie ausgestemmt und der Riegel engsitzend angepaßt. Ebenso stemmte ich die zweite Elementstütze aus. Auf diese Weise wurden alle Riegel eines Elementfeldes montiert. Ein zweites Paar Hände ist bei solchen Arbeiten sehr hilfreich - dann kann eine Person die Stütze etwas schräg halten, so daß sich der untere Riegel in das Zapfenloch einfügen läßt, während die andere Person die oder den nächsten Riegel anbringt.

Nachdem alle Riegel eingesetzt und beide Stützen senkrecht ausgerichtet waren, wurden die Riegel befestigt. Bei Holzverbindungen mit geringem Durchmesser nagle ich gewöhnlich die Riegel schräg von vorne an die Stützen. Bei diesem Laubengang befestigte ich die meisten Riegel mit Schlüsselschrauben. Ich bohrte dazu durch die Stützen in die Enden der Riegel und versenkte die Schlüsselschrauben 2,5 cm tief.

Mit dem Pfropfenbohrer schnitt ich aus Robinienabfall entsprechende Scheiben mit unversehrter Rinde und klebte die Pfropfen mit Silikon-Dichtmasse in die Löcher, um die Schraubenköpfe zu verdecken. Wie aus der Zeichnung ersichtlich ist, finden sich an manchen Stützen gegenüberliegende Riegel auf gleicher Höhe. Damit die Schlüsselschrauben der einen Riegelverbindung nicht im Weg waren, versenkte ich sie 5 cm tief. Dann schnitt ich das andere Loch vor Ort und nagelte den anderen Riegel von vorne fest.

Nachdem nun die Riegel befestigt waren, wurde es Zeit, die Pfetten anzupassen. Ich legte sie dazu über die Stützen, zeichnete ihre Umrisse an und bohrte und formte die Aushöhlungen passend für jede einzelne Stütze, auf die gleiche Art wie oben beschrieben. Ich benutzte Pfetten mit etwa dem gleichen Durchmesser wie die Stützen und schnitt die Löcher bis zur Hälfte der Pfette. Dann bohrte ich durch die Pfette hindurch von oben in die Stütze und sicherte die Verbindung mit einer Schlüsselschraube. Die Enden der Pfetten ließ ich etwa 30 cm bei jeder Stütze überstehen, um sie mit der vor Ort eingebauten Pfette des Nachbarelementes zu verbinden.

Dann wurden die Verzierungen angebracht. Ich bevorzuge krumme Streben und versuche immer, interessante Paare zu finden. Um die Streben anzupassen, hielt ich sie an die entsprechende Stelle und zeichnete an jedem Ende an, wie sie abgeschnitten werden mußten. Dicke Teile schnitt ich ein wenig länger zu und paßte dann jedes Ende an die Form der Stützen an (möglich wäre auch, die Enden rechtwinklig abzuschneiden und an Stützen und Pfetten dafür entsprechende Höhlungen auszustemmen.) Die Streben wurden mit Drahtstiften mit Stauchkopf befestigt. Ich bohrte die Nagelstelle vor, damit sich die Nägel nicht verbiegen und das Holz nicht splittert.

Nachdem ich meine Arbeit in der Werkstatt beendet hatte, lud ich zwei Elemente, zwei Bänke und die vier L-förmigen Eckelemente auf einen gemieteten Lastwagen und dazu noch eine Menge Extraholz für Pfetten, Riegel, Verstrebungen, Sparren und Lattung.

Vor Ort: Für meine Wildholzbauten benutze ich verschiedene Arten von Fundamenten, unter anderem druckimprägnierte Holzpfosten und Mauerwerk. Für den Laubengang goß ich Einzelfundamente aus Beton. Mittels Bandmaß und Schnur markierte ich die Lage der Fundamente, grub 90 cm tiefe Löcher stellte Pappröhren mit 20 cm Durchmesser als Form hinein und zwar so, daß die Oberkanten der Röhren alle auf der gleichen Ebene lagen. Dann mischte ich Fertigbeton an, füllte die Pappröhren damit und steckte jeweils einen verzinkten Anker für die Stützen in den feuchten Beton. Die Anker, an denen die Stützen befestigt wurden, bestanden aus einer 30 cm langen Gewindestange (Durchmesser 20 mm) mit einer 15 x 15 cm großen Baustahlplatte in der Mitte.

Die wochenlange Vorbereitungsarbeit in der Werkstatt zahlt sich aus, wenn die Konstruktion vor Ort danach schnell errichtet werden kann. Mit einem Helfer setzte ich jedes Element auf das entsprechende Betonfundament, zeichnete die Position der

Ankerschrauben an und bohrte für die Anker 20 mm-Löcher in die Mitte der Stützen. Wir stellten die in der Werkstatt vorgefertigten Mittelfelder und die Eckfelder auf und verbanden sie mit den Bänken und den ebenfalls in der Werkstatt vorgefertigten Riegeln (die aber für die Anpassung vor Ort überlang blieben). Als nächstes legten wir die Pfetten auf, wobei wir nach und nach die Überblattungen herstellten. Nachdem mit dem Anbringen der Streben die Elemente fertiggestellt waren, wandten wir uns dem Dach zu. Vor Ort bauten wir zwei Dachbinder, placierten sie über die Mittelelemente und befestigten sie mit Schlüsselschrauben an den Pfetten. Die restliche Arbeit bestand aus dem Anbringen der Gratsparren, dem Festschrauben des Daches mit Schlüsselschrauben und dem Einpassen der Zierteile an die Bögen.

Nachdem die Konstruktion fertiggestellt war, versiegelte ich die freiliegenden Hirnholzenden mit einer Mischung aus Paraffinwachs, Leinöl, wetterfestem Lack und Verdünnung, einer eigenen Abwandlung der Rezeptur eines Holzforschungslabors. Die Herstellung ist nicht ganz ungefährlich, denn die Zutaten sind brennbar, und man muß die Mischung erhitzen, um das Paraffin aufzulösen. Zwar lassen sich diese Gefahren bei der Verwendung einer handelsüblichen Versiegelung vermeiden, aber alle, die ich kenne, enthalten Holzschutzmittel, die ich nicht in der Umwelt verteilen möchte. (In Deutschland gibt es inzwischen etliche Firmen, die für Holz im Außenbereich umweltverträgliche Oberflächenversiegelungen anbieten).

Ich erwarte, daß der Laubengang mit ein wenig Pflege mindestens 15 bis 20 Jahre hält. Ein Bauer erzählte mir, daß er vor fünfundzwanzig Jahren Zaunpfähle aus Robinienholz auf seiner Farm gesetzt hat, die immer noch in Ordnung sind. Die aus der Erde ragenden Zementfundamente und Stahlplatten halten die Stützen des Laubengangs ziemlich trocken, so daß sie wahrscheinlich länger halten dürften als die Zaunpfähle des Bauern. Die Hölzer können einreißen und sich verziehen, aber ich bezweifle, daß ihre Stärke darunter leidet. Der Laubengang muß ja sowieso keine großen Lasten tragen. Wird er bepflanzt, könnte das allerdings seine Lebensdauer verkürzen, weil durch die Blätter das Holz der Konstruktion feuchter bleibt. Im Laufe der Jahre wird der Laubengang verwittern und eine schöne Patina annehmen. Noch sitzt die Rinde fest am Holz, aber irgendwann fällt sie ab und das Holz wird silbrig.

Anhang I

Die folgenden Ausführungen sind Ausschnitte aus dem Buch *„Wolf`s Gartenlauben, Verandas und Giebelverzierungen“* von Gustav Wolf, erschienen im Jahre 1906. Das vollständige Werk wurde 1996 nachgedruckt und ist als unveränderter Reprint erhältlich beim Verlag Th. Schäfer, Hannover, Edition libri rari.

Garteneingänge, Zäune und Laubwände aus rundem Naturholz

Garteneingänge

Die Garteneingänge, Einfahrten, Zäune und Laubwände bestehen aus rundem Naturholz. Zumeist komnt dafür nur Nadelholz in Betracht, z.B. Tanne, Fichte, Kiefer, was sich als Stangen eignet, während von dem Laubholz in der Regel geschälte Eiche und Birkenholz Verwendung finden. Die lichte Größe der Eingänge sollte bei einflügeligen Türen nicht unter 1 m breit und 2 m hoch und bei zweiflügeligen Türen mindestens 1,5 m breit sein. Kleine Zäune wie solche zwischen Hof und Garten können beliebig

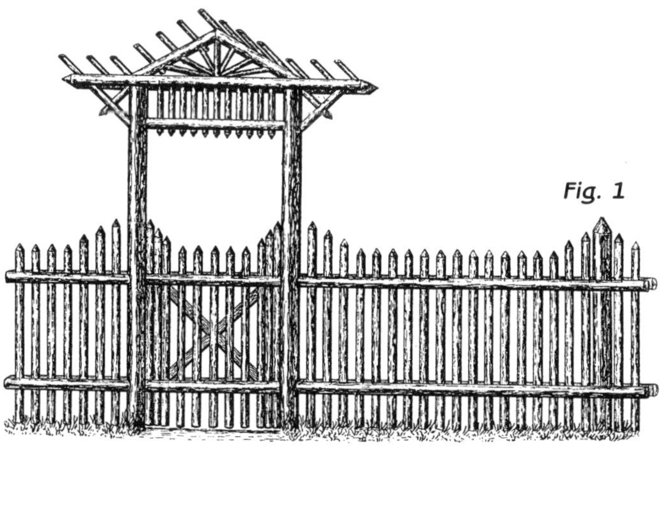

Fig. 1

Fig. 2

hoch sein, jedoch nicht unter 1 m Höhe. Laubwände werden in der Regel 2,5 m bis 3 m hoch hergestellt, damit die Sonne noch hindurch scheinen kann.

Für Zäune und Laubwände wird am besten eine Stützweite von 2 bis 2,5 m gewählt. Die Stützen weiter voneinander entfernt zu stellen, würde sich nur bei stärkerem Holz empfehlen. Das lichte Maß der Zaunstangen oder Lattenweite ist bei lotrecht angenagelten Stangen oder Latten 5 cm und bei schräg kreuzweise übereinander genagelten Kreuzzaunstangen viermal so viel wie die Stangen stark sind.

Bei Fig.1 sind die Stützen rund und oben angespitzt. Für die waagerechten Latten und aber auch für die Jochlatten werden vielfach halbrunde Waldlatten verwendet. Sämtliche Verbindungen sind stumpf durch Nägel befestigt bzw. eingezapft.

Um die Ansicht des Eingangs zu verschönern, kann man auch ein Spitzdach anbringen (Fig. 1). Statt lotrechter Waldlatten können auch kreuzweise schräg übereinander genagelte Stangen hergestellt werden (Fig. 3 und 4).

Bei den Fig. 3 und 4 ist der Zaun mit Laubwand versehen, an der sich wilder Wein, Kletterrosen und Efeu oder sonstige Schlingpflanzen anhalten können, Deshalb werden waagrecht sogenannte Laubsparren (etwa 40 cm lange Stangenenden) angebracht. Bei Fig. 3 sind nur über dem Eingang Laubsparren angebracht und zur Zierde mit oben angespitzten, in Bogenform angebrachten Stangenenden versehen. Um die Herstellung der Bogenform zu ermöglichen, wolle man schwaches grünes Holz verwenden.

Bei Fig. 4 ist der Eingang mit einer zweiflügeligen Tür versehen. Bei diesem reichhalti-

Fig. 3

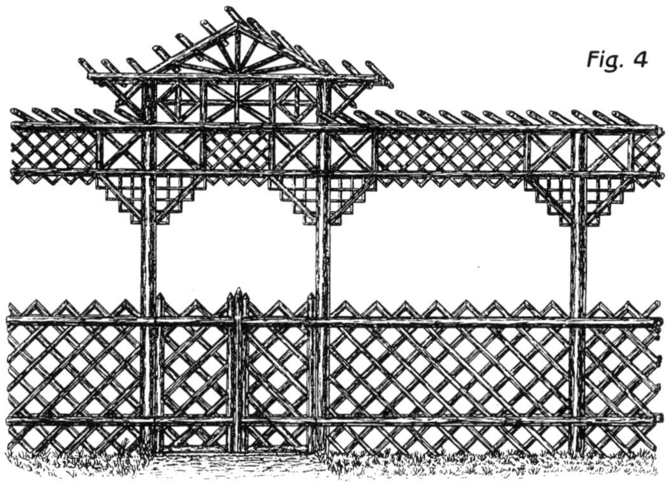

Fig. 4

gen Eingang mit Laubenwand erfordert die Kreuzzaunfüllung oben und unten viel Arbeit. Die Stangen der Füllung werden hierbei unterhalb und die Kreuzungsstangen oben auf Gehrung geschnitten.

Fig. 2 zeigt einen Naturzaun aus geschälter Eiche. Bei diesen Zäunen werden sämtlich Stücke stumpf aneinander befestigt, jedoch so sauber aneinandergefügt, daß sie wie gewachsen erscheinen. Es empfiehlt sich daher, alles in der Richtung wie gewachsene Naturzäune zu setzen. Nach Fertigstellung müssen derartige Zäune gleich mit Firnis gestrichen werden, damit das Holz durch Regenwasser oder sonstige Nässe nicht schwarz wird. Birkene Naturzauneingänge sollten ebenfalls so gestellt werden, daß alles wie gewachsen erscheint. Bei diesen Zäunen darf das Holz nicht abgeschält werden, gerade wegen der weißbunten Rinde wird das Birkenholz bei Garteneingängen und Zäunen, welche zur Zierde dienen, mit Vorliebe verwendet.

Laubbogen

Die Laubbogen, wie in Fig. 5 bis 8 sind hier aus Birkenholz und dienen zur Verschönerung von Anlagen, wo sie als Durchgänge aufgestellt werden. Sie können aber auch aus Tanne, Fichte, Kiefer und dergl. hergestellt werden, jedoch lassen sich die geschwungenen Teile am besten aus Birke biegen. Hauptsächlich bepflanzt man sie mit wildem Weine, Kletterrosen und anderen blühenden Schlingpflanzen , weshalb diesselben mit Laubsparren versehen werden müssen.

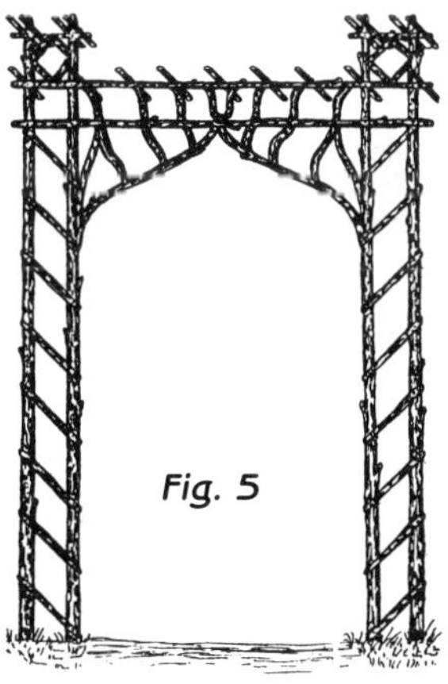
Fig. 5

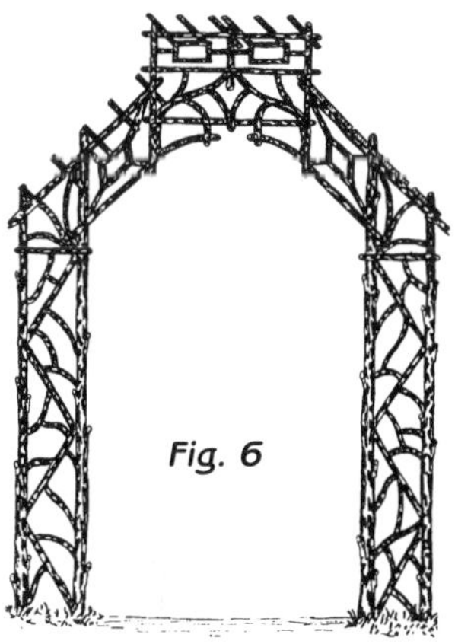
Fig. 6

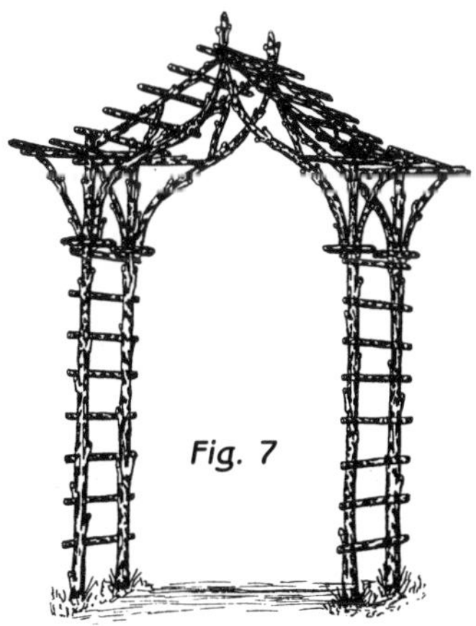
Fig. 7

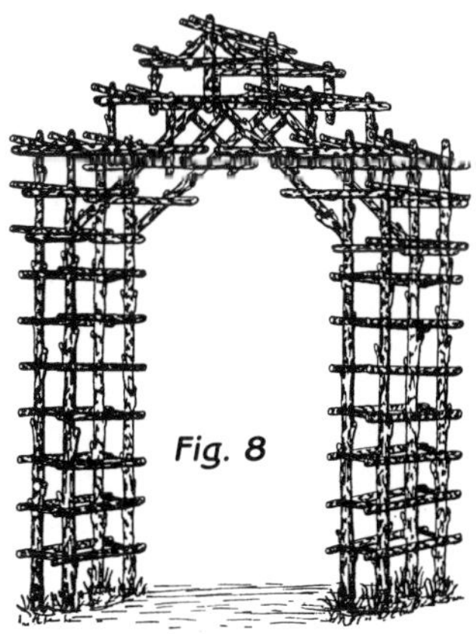
Fig. 8

Gartenlauben

Bei den Gartenlauben aus Naturholz richtet sich die Größe nach der Bauart und natürlich nach dem Platzbedarf. Man sollte jedoch bei kleinen Lauben darauf achten, daß man in denselben einen Tisch und um den Tisch die erforderlichen Sitzplätze stellen kann. Es empfiehlt sich daher, das innere Maß der Länge und Breite möglichst nicht unter 2,50 m zu halten.

Die Türgröße der Lauben kann beliebig sein, jedoch nie unter 0,75 m Breite und 1,90 m Höhe. Um die Lauben vor Feuchtigkeit zu schützen, wolle man sie mindestens 20 cm über der Erde auf Steine stellen und niemals mit Schwellen und Fußböden direkt auf den Erdboden. Die Lauben können ganz offen mit Laubsparrendach hergestellt werden, wie in Fig. 16, so daß sie, mit Schlingpflanzen bewachsen, eine Schlingpflanzenbedachung haben. Da diese aber nicht vor Regen schützt, empfiehlt es sich, die Lauben mit Teerpappdach oder dgl. herzustellen. Es würde sich auch bei Leuten, welche die Zugluft nicht ertragen können, empfehlen, die Hinter- und Seitenwände der Lauben mindestens auf 1,8 m Höhe mit dicht aneinander genagelten Stangen zu versehen.

Bei den Lauben in achteckiger Grundform (Fig. 9 und 10) erhält man zugleich auch eine schöne Dachform. Sollen die Lauben ihr natürliches Aussehen erhalten, so kann man die Bretterfüllungen und Wandschalungen mit beliebiger Baumrinde oder mit Waldlatten bzw. Stangen bekleiden (Fig. 13 und 14).

Naturholzlauben aus geschälter Eiche (Fig, 9) dienen oft zur Zierde der Gärten, zumal, wenn diesselben sauber ausgeführt werden, so daß alles möglichst wie gewachsen erscheint. Naturholzlauben aus Birke haben, wie schon erwähnt, durch die weißbunte Rinde ein sehr gefälliges Aussehen und da das Holz sehr biegsam ist, kann es in alle möglichen Formen gebogen werden.

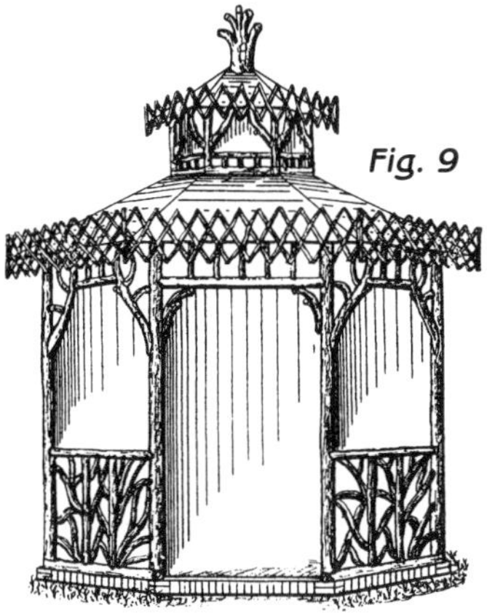

Fig. 9

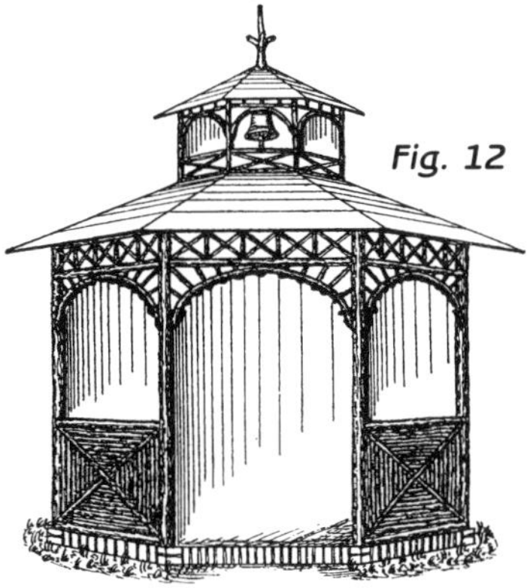

Fig. 12

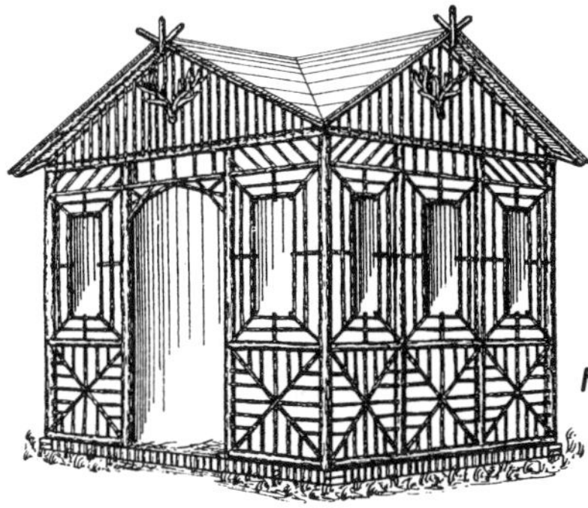

Fig. 14

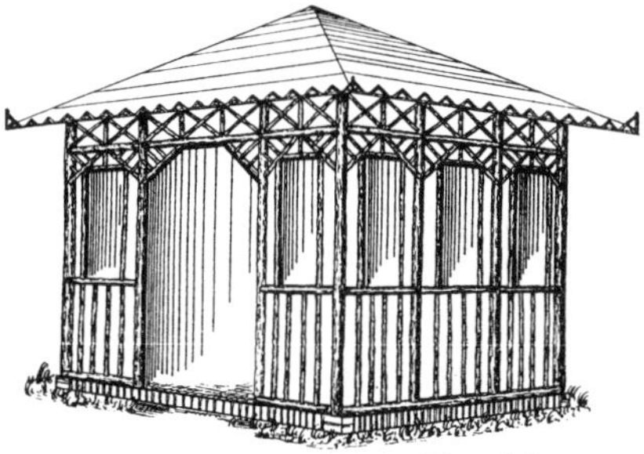

Fig. 10

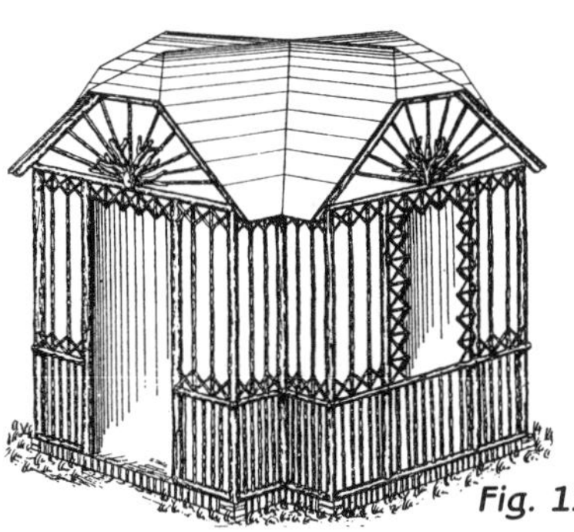

Fig. 13

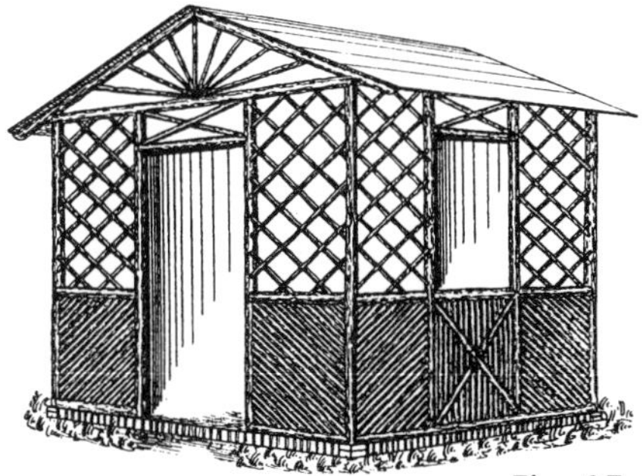

Fig. 15

Fig. 11

Fig. 16

Anhang II

Die nachfolgenden Ausführungen sind Ausschnitte aus dem Buch „Holzschutz ohne Gift? - Holzschutz und Holzoberflächenbehandlung in der Praxis“ von Peter Weissenfeld, ökobuch Verlag , Staufen bei Freiburg.

Leime

Zur dauerhaften Verbindung und Montage von Holzteilen werden eine Vielzahl von Leimen angeboten, fast ausschließlich Produkte der modernen (Bau-)Chemie. Die im folgenden aufgeführten Leime sind für Mensch und Umwelt wenig belastend.

Dispersionsleim

Hand- und Heimwerker arbeiten überwiegend mit Dispersionsleimen (z.B. Ponal), in der Praxis auch Weißleime genannt. Sie bestehen aus Polyvinylacetat, das in Wasser fein verteilt ist (dispergiert). Polyvinylacetat gilt als ungiftig für den Verarbeiter. Es soll nicht ins Abwasser gelangen, da es schlecht abbaubar ist. Dispersionsleime gibt es u.a. in folgenden Ausführungen:

- als Universalleim für den alltäglichen Gebrauch
- als wasserfester Leim
- als schnellbindender (Expreß-)Leim.

Naturharzdispersionsleime

Mehrere Naturfarbenhersteller bieten Holzleime auf Naturharzbasis an. Manche dieser Leime erzielen nicht die Belastbarkeit, die z.B. bei Tischzargen, Stühlen usw. erforderlich ist. Bei geringer Beanspruchung der Leimfugen ist ihr Einsatz aber durchaus sinnvoll.

Kasein-Kaltleime

Sie sind in der Regel in Läden, die Naturfarben führen, zu erhalten. Der Leim ist ökologisch unbedenklich und ohne weiteres für stark belastete Verbindungen zu verwenden, da er die Anforderungen der Belastungsgruppe B2 (Din 68 602) erfüllt und damit dem üblichen Weißleim nicht nachsteht.

Oberflächenbehandlung von Holz im Innenbereich

Mit der Oberflächenbehandlung des Holzes soll ein Schutz vor Abnutzung und Verschmutzung erzielt werden. Immer angestrebt wird eine dekorative und verschönernde Wirkung. Um eine schöne Oberfläche zu erzielen, ist eine gute Vorbereitung des Untergrundes unerläßlich. Im Tischlerhandwerk heißt es:“Jede Oberflächenbehandlung ist nur so gut wie die Vorbehandlung des Untergrundes. Auf rauhen oder schmutzigen Holzflächen machen hochwertige Behandlungen keinen Sinn.

Vorarbeiten zur Oberflächenbehandlung

Zuerst müssen Fehlstellen ausgebessert oder gekittet und das Holz geschliffen werden, nach Möglichkeit mehrmals. Je nach Oberflächenzustand der zu behandelnden Fläche beginnt man mit 60er oder 80er Papier zu schleifen, dann folgt ein Schliff mit 100er oder 120er Papier. Wer eine besonders schöne Oberfläche wünscht, kann noch mit 150er oder 180er Papier nachschleifen. Geschliffen wird immer in Faserrichtung. Querkratzer sind kaum noch zu entfernen und besonders bei glänzenden Beschichtungen oder nach dem Beizen später gut sichtbar. Für das Schleifen von Hand sollte ein Schleifklotz zu Hilfe genommen werden, der mit Schleifpapier bespannt wird.

***Wässern**:* Wenn später gebeizt oder mit wässrigen Oberflächenmitteln gearbeitet werden soll, ist Wässern unerläßlich. Um sehr hochwertige Oberflächen zu erzielen, empfiehlt sich das allemal. Beim Schleifen werden Druckstellen im Holz zwar beigeschliffen, das Holz bleibt aber gequetscht. Bei Feuchtigkeit quellen diese Stellen dann deutlich sichtbar auf. Zuerst wird mittels Schwamm oder Pinsel das Holz mit sauberem Wasser angefeuchtet (bei hohem Kalkgehalt abkochen). Die Holzfasern quellen dadurch auf und können nach dem Trocknen mit feinem Papier (180er oder 220er) leicht beigeschliffen werden. Auch Holzfasern, die sich beim Vorschleifen wegdrücken, werden durch das Wässern aufgerichtet und beim Feinschliff entfernt.

Zwischenschliff: Nach einer ersten Oberflächenbehandlung (Grundierung) mit Lacken sollte auf jeden Fall ein Zwischenschliff (mit sehr feinem Papier, ab 220er) erfolgen. Auch beim Ölen wird die Holzoberfläche durch einen Zwischenschliff etwas glatter.

Öle: Leinöl, Leinölfirnis

Fast alle natürlichen Holzoberflächenmittel enthalten als wichtigsten Bestandteil Leinöl. Die Trockenzeit des Leinöls ist beträchtlich. Als Oberflächenprodukt wird deshalb in der Regel Leinölfirnis verwendet. Es ist das billigste, einfachste und gesündeste Oberflächenmittel, das es gibt. Eine Behandlung mit Leinölfirnis betont die Holzmaserung, der Firnis dringt tief in das Holz ein und gibt der Oberfläche eine angenehme Wärme- und Tiefenwirkung, Das Holz wirkt dadurch etwas dunkler und erhält einen gelblichen Glanz.

Das Öl wird mit dem Pinsel oder Lappen kräftig aufgetragen und so lange einwirken gelassen, bis das Holz vollgesogen ist. Danach wird das Holz mit einem saugfähigen, nicht fasernden Lappen (am besten aus Leinen) kräftig in Faserrichtung angerieben, bis alles überstehende Öl entfernt ist. Die Trocknungsdauer hängt entscheidend von der Lufttemperatur und -feuchtigkeit ab. In der Regel ist es nach einem Tag durchgetrocknet. Bei wenig beanspruchten Flächen genügt das einmalige Auftragen, ansonsten kann ein zweites oder drittes Mal auf dieselbe Art verfahren werden.

Gebeizte Flächen lassen sich ebenfalls gut mit Leinölfirnis behandeln. Zur Nachbehandlung kann man versuchen, kleinere Stellen falls nötig mit etwas Lösemittel zu reinigen oder auch leicht abschleifen, um das Holz anschließend wieder bis zur Sättigung zu ölen.

Achtung: Lappen die mit leinölhaltigen Produkten getränkt sind, können sich selbst entzünden! Lappen deshalb direkt nach der Arbeit verbrennen, in einer geschlossenen Blechbüchse aufbewahren oder ausgebreitet im Freien trocknen lassen.

Wachs

Schon im Altertum wurde Bienenwachs zur Holzbehandlung eingesetzt. Reines Bienenwachs ist nur erwärmt gut zu verarbeiten, deshalb werden Bienenwachsbalsame hergestellt, Mixturen aus Wachs, Leinölfirnis, Lösemittel und anderen Stoffen wie Kräuterextrakten und Lärchenharzen.

Eine Wachsbehandlung verleiht dem Holz eine ganz leicht gelbliche, honigfarbene Tönung. Gewachste Oberflächen sind für viele Holzarten die schönste Behandlungsart, angenehm im Geruch, edel im Aussehen sowie glatt und weich beim Berühren. Der milde Glanz kann durch Polieren und Nachwachsen fast bis zu Hochglanz gesteigert werfen.

Beim Wachsen von Stühlen ist zu beachten, daß die Oberflächenmittel besonders sparsam aufgetragen und gut eingearbeitet werden, da sonst Kleidungsstücke verschmutzen könnten, wenn das Wachs durch die Körperwärme weich wird und klebt.

Verarbeitung: Vor einer Behandlung sollte das Holz sorgfältig geschliffen werden. Anschließend wird es grundiert, am einfachsten mit Leinölfirnis, denn das Wachsen von rohem Holz ist im allgemeinen nicht sinnvoll, da auf manchen Hölzern die Oberfläche leicht schmierig und scheckig wird. Hochwertige Oberflächen erhalten nach dem Grundieren einen Zwischenschliff. Dann wird das Wachs mit einem Stoffballen eingearbeitet, und zwar so, daß kein Wachsüberschuß stehenbleibt.

Eine gewachste Oberfläche ist je nach Witterung in 1 bis 2 Tagen durchgetrocknet. Um eine schön glänzende und strapazierfähige Oberfläche zu erhalten, wird das Holz dann mit einer Roßhaarbürste kräftig nachgebürstet. Wer eine stärker glänzende Oberfläche will, muß mehrmals kräftig polieren, und dabei hin und wieder einen Hauch nachwachsen, für einen matten Glanz genügt jedoch einmaliges Polieren.

Gewachste und geölte Flächen können leicht punktuell nachbehandelt werden, ohne daß es Ansätze oder Farbunterschiede gibt. Verschmutzungen lassen sich mit Seife, Sodalauge oder einem pflanzlichen Lösemittel (Pflanzenverdünnung) beseitigen. Achtung: bei Eiche und anderen gerbsäurehaltigen Hölzern keine Sodalauge verwenden und nur mit neutraler Holzseife arbeiten. Tiefergehende Verschmutzungen müssen gegebenenfalls abgeschliffen oder mit Stahlwolle gereinigt werden (Bei Eiche: Vorsicht mit Stahlwolle).

Naturharzöllacke

Der Auftrag einer Lackschicht auf Holz ist dann sinnvoll, wenn eine stärkere Wasserbeständigkeit oder Abriebfestigkeit gefordert wird. Naturharzöllacke werden als Klarlacke oder als pigmentierte weiße oder farbige Decklacke angeboten. Während bei einer Behandlung mit Leinölfirnis oder Wachs das Oberflächenmittel „eingearbeitet" wird, sind Lacke filmbildend, d.h. gewöhnlich ist eine punktuelle Nachbehandlung mit Lack nicht möglich, sondern die gesamte Fläche muß vom Lack befreit und dann komplett neu behandelt werden.

Verarbeitung: Klare Naturharzöllacke sind zur Behandlung von rohem und gebeiztem Holz gleichermaßen geeignet. Mehr als bei jeder anderen Art der Oberflächenbehandlung kommt es beim Lackieren auf eine gründliche Vorbehandlung an, will man am Ende ein schönes Ergebnis erzielen (siehe oben).

Zuerst wird eine Grundierung aufgetragen. Hierfür kann ein vom Hersteller angebotenes spezielles Mittel oder einfach verdünnter Lack (10-20% Pflanzenlösemittel zusetzen) eingesetzt werden. Nach dem Durchtrocknen sollte ein Zwischenschliff erfolgen (mit 280er Schleifpapier), um eine möglichst glatte Oberfläche für den Endanstrich zu schaffen. Behandelt werden sollte insgesamt zwei- bis dreimal, je nach Porösität des Untergrundes und spätere Belastung. Wie bei allen natürlichen Oberflächenmitteln gilt auch hier zu beachten: um eine glatte Schicht zu erhalten, Lack nur dünn auftragen, und jeder Schicht ein gutes Durchtrocknen ermöglichen. Die Trockenzeit pro Auftrag beträgt ca. ein Tag.

Farbgestaltung des Holzes

Beizen

Gebeizt wird, um dem Holz eine Farbe oder Tönung nach Wunsch zu geben, wobei die Maserung des Holzes nicht verdeckt, sondern oftmals noch verstärkt wird. Beizen werden *vor* der Oberflächenbehandlung aufgetragen. Wasserbeizen enthalten in Wasser gelöste Farbpigmente pflanzlicher, tierischer oder synthetischer Herkunft.

Wasserbeizen

Wasserbeizen mit *natürlichen Farbstoffen* sind gewöhnlich nur wenig lichtecht und darum nur im Innnbereich einsetzbar. Zu kaufen sind die Wasserbeizen als Pulver.

Wasserbeizen mit *synthetischen* Pigmenten aus Teerfarbstoffen, wie sie heute in Tischlereien gebräuchlich sind, zeichnen sich durch eine Vielzahl verschiedener Farbtöne und eine große Lichtechtheit aus. Sie sind gesundheitlich nicht immer unbedenklich, aber da zum Beizen von Möbelstücken nur recht geringe Mengen verbraucht werden, ist ihre Anwendung sicher nicht problematisch.

Zu beachten ist, daß Wasserbeizen bei Nadelhölzern einen sogenannten negativen Beizeffekt bewirken. Das weiche, hellere Frühholz nimmt mehr Farbe auf als das härtere und dunklere Spätholz. Dadurch wird das Erscheinungsbild umgekehrt (negativ), das Frühholz ist nach dem Beizen dunkler als das Spätholz.

Verarbeitung von Wasserbeizen: Vor dem Beizen müssen alle geschliffenen Flächen unbedingt gewässert werden und frei von harzigen und fettigen Flecken sein.
Wird das Holz beim Beizen naß, stellen sich viele Holzfasern auf, die vorher beim Schleifen angedrückt wurden. Die zuvor glatte Oberfläche wird also wieder rauh. Deshalb wird das Holz vor dem Beizen gewässert (siehe oben). Nach dem Trocknen schleift man das aufgerauhte Holz noch einmal mit feinem Papier (z.B. 150er Körnung) ab. Bei dem nun folgenden Beizen rauht die Oberfläche nicht mehr auf.

Gebeizt wird naß in naß. Man trage reichlich Beize auf, verteile diese auf der gesamten Fläche und achte darauf, daß die Beize an keiner Stelle trocknet, bevor nicht die gesamte Fläche eingestrichen ist. Sonst gibt es nämlich Flecken! Wenn an einer Stelle die Beize schon getrocket ist und ein zweites Mal aufgetragen wird, lagert sich dort eine zweite Schicht Pigment ab, und der Ton wird intensiver. Die satt aufgetragene Beize wird nun mit einem trockenen, weichen, breiten Pinsel gut in Faserrichtung verteilt. Überstände werden mit einem Schwamm aufgenommen. Vor einer weiteren Oberflächenbehandlung sollte das Holz gut trocken sein.

Holzschutz und Oberflächenbehandlung im Außenbereich

Holz im Außenbereich kann durch Imprägnierungen geschützt werden. Alle Holzschutzmittel sind jedoch mehr oder weniger giftig, denn die Wirkung von Holzschutzmitteln beruht ja gerade auf ihrer Giftigkeit. Mit Rücksicht auf sich selbst und die Umwelt ist es deshalb besser, auf einen *chemischen* Holzschutz zu verzichten und Hölzer, die mit der Zeit Schaden genommen haben, am besten einfach auszuwechseln.

Je gesünder, trockener, fester und harzreicher Holz ist, desto haltbarer ist es im Freien, d.h. Eichenholz z.B. wird immer langlebiger sein als Tannen- oder Fichtenholz.

Wichtig (und nicht umweltschädlich) sind *konstruktive* Maßnahmen zum Schutz des Holzes im Außenbereich:

- Hölzer sollten keinen Kontakt zur Erde haben, d.h. Stützen für Laubengänge etc. auf Stahlschuhe stellen, Bänke auf Steinsockel usw.
- Hirnholz vor Durchfeuchtung schützen, Enden von Zaunlatten und -pfählen abschrägen, damit das Regenwasser besser ablaufen kann, frei liegende Hirnholzflächen satt mit Leinölfirnis tränken und mit einem Brettchen abdecken.

Die farbgebenden Lacke, Lasuren und Dispersionen schützen das Holz vor Witterungseinflüssen, bedürfen aber der regelmäßigen Erneuerung. Von farblosen und transparenten Anstrichen ist im Außenbereich abzuraten, da oft schon nach ein bis zwei Jahren eine Nachbehandlung notwendig ist.

Anhang III

Werkzeuge

DICK GmbH
- Feine Werkzeuge -
Donaustr. 51
D 94526 Metten

Tel.: 0991-91090
Fax: 0991-910950
Internet: www.dick-gmbh.de

Katalog kostenlos. Unter anderem großes Angebot an japanischen Sägen.

Grube Forstgeräte GmbH
Hützeler Damm 38
D 29646 Hützel

Tel: 05194-900-0
Fax: 05194-900-270
Internet: www.grube.de

Katalog kostenlos. Ausrüstungen für Wald, Natur und Umwelt.

Polsterzubehör

Klassische Polsterei Voltaire
Axel Strutz
Im Gaisgraben 17
D 79219 Staufen

Tel.:07633-981020
Fax: 07633-981021

Gurtband, Ziernägel, natürliche Polsterauflagen und -matten, Bezugsstoffe u.v.m.

Urholz

Urholz-Werkstatt
Thomas Kellner
Kleingartacher Str. 21
74193 Schwaigern-Stetten

Tel.: 07138-6003
Fax: 07138-67430

Heimische Edelhölzer und Mooreiche. Die Holzwerkstatt (mit eigener Baumschule zur Aufzucht von Elsbeere, Speierling und Wildbirne) ist spezialisiert auf maßgefertigte Inneneinrichtung mit organischen Formen zu erschwinglichen Preisen: „Nicht wir bestimmen die Form, sondern die Natur". Daneben Verkauf von abgelagertem Holz und Holzresten von seltenen einheimischen Bäumen. „Je mehr wir die Nachfrage nach seltenen Holzarten fördern, desto mehr können wir an der Umgestaltung der Wälder zum naturgemäßen Waldbau beitragen".

Umweltfreundliche Öle, Wachse, Lacke

... sind in ökologischen Baustoffläden und zunehmend auch in den konventionellen Baumärkten und Farbengeschäften erhältlich.

Museen in den USA,

in denen Wildholzobjekte ausgestellt sind

Adirondack Museum, P.O. Box 99
Blue Mountain Lake, NY 12812
Tel.: 518-352-7311
Fax: 518-352-7653

Buffalo Bill Museum
720 Sheridan Avenue,
Cody, WY 82414
Tel.: 307-587-4771

Henry Ford Museum
20900 Oakwood Blvd.,
Dearborn, MI 48121
Tel.: 313-271-1620

Shelburne Museum
PO Box 10, Route 7
Shelburne, VT 05482
Tel.: 802-985-3344

Western Heritage Center
2822 Montana Avenue
Billings, MT 59101
Tel.: 406-256-6809

Jon Warnes
Mit Weiden bauen
Anleitungen für Zäune. Laubengänge, Wigwams, Sitzplätze und grüne Kuppeln. Ein Kurs über das Pflanzen und Arbeiten mit lebendem Material, der zeigt, wie viele schöne, nützliche Dinge sich aus Weiden herstellen lassen. 2001, 60 S. m.v.farb. Abb., geb. 29,90 DM / 15,30 €

Claudia Lorenz Ladener
Naturkeller
Grundlagen, Planung und Bau von naturgekühlten Lagerräumen im Haus oder Freiland, um für Obst und Gemüse geeignete Überwinterungsmöglichkeiten zu schaffen. 139 S. m.v.Abb., 1990/1999 29,80 DM / 15,30 €

Uwe Hallenga
Wind: Strom für Haus und Hol
Bauanleitung mit Zeichnungssatz für eine kleine, leicht nachzubauende Windkraftanlage, die bei gutem Wind 200 bis 500 W Leistung bringt. 1990, 76 S. m.vielen Abb. 14,80 DM / 7,60 €

Dieter Viebach
Der Stirlingmotor
Einfach erklärt und leicht gebaut. Detaillierte Bauanleitung für einen funktionstüchtigen Modellmotor, hergestellt aus einer gewöhnlichen Konservendose und einfach nachzubauenden Holzteilen. 1998, 106 Seiten m. vielen Abb., 17 x 24 cm 29,90 DM / 15,30 €

Hans-P. Ebert
Heizen mit Holz
Günstiger Holzeinkauf, Zurichten des Waldholzes, Lagerung und Trocknung, Anforderungen an Feuerstelle und Schornstein, die verschiedenen Ofentypen und ihre Einsatzbereiche. 130 S. m.v.Abb., 2001 19,90 DM / 10,20 €

Claudia Lorenz-Ladener, Hrsg.
Holzbacköfen im Garten
Detaillierte Bauanleitungen vom einfachen Lehmofen bis zum gemauerten Brotbackhäuschen. Mit vielen Erfahrungen und Ratschlägen sowie pfiffigen Tips u. Rezepten. 138 S.m.v.Abb., 2001 29,90 DM / 15,30 €

Karlheinz Böse
Regenwasser für Garten und Haus
Wie und in welchen Behältern Wasser gesammelt werden kann, wann gefiltert werden muß, welche Pumpen geeignet sind, wie das Wasser in Haus und Garten verteilt wird. 110 S. m.v.Abb., 2. Aufl. 1999 19,90 DM / 10,20 €

Maggy Howarth
Kieselstein-Mosaik
Schöne Böden für Wege und Lieblingsplätze im Garten selbst gestalten. Exakte Anleitungen für einfache und fortgeschrittene Arbeiten mit Tips aus der Praxis. Viele Gestaltungsvorschläge geben Anregung für eigenes kreatives Schaffen. 118 S. m.vielen z.T. farb. Abb., 2001 39,80 DM / 20,40 €

Edgar Haupt, Anne Wiktorin
Wintergärten
Ausführliche, praxisnahe Anleitung für Planung und Bau von Wintergärten: Raumklima, Konstruktionen, Materialien, Verglasungs- und Klimatisierungssysteme, Bauschäden, Hinweise für die Bepflanzung. 3. überarb. u. erw. Aufl. 2001, 192 S. m.vielen z.T farb. Abb. geb. 44,- DM / 22,50 €

Unsere Bücher erhalten Sie in allen Buchhandlungen.
Preisstand: 1.10.2001 - Euro-Preise ab 1.1.2002 - Änderungen vorbehalten!

In unserer *Versandbuchhandlung* haben wir über 300 Titel auf Lager, die Sie direkt bei uns bestellen können, und zwar zu folgenden Themen: Solararchitektur - Bauen & Selbstbau - Nutzung von Sonnen-, Wind- und Wasserkraft - Bioenergie - Energiekonzepte - Land- und Gartenbau - Tierhaltung - gesunde Küche - und vieles mehr ....

Fordern Sie einfach die große Buchliste an bei:

ökobuch Verlag & Versand GmbH
79216 Staufen · Postfach 1126 · ✆07633-50613
✉ 07633-50870 · email: oekobuch@t-online.de · http://www.oekobuch.de/